准噶尔盆地地面工程数字化转型探索与实践

以新疆油田公司采气一厂为例

王传平　陈晓明　张有兴　编著
冯学章　孟　亮　王佳佳

清华大学出版社
北京

图书在版编目（CIP）数据

准噶尔盆地地面工程数字化转型探索与实践：以新疆油田公司采气一厂为例 / 王传平等编著.— 北京：
清华大学出版社，2024.9

ISBN 978-7-302-63474-4

Ⅰ.①准⋯　Ⅱ.①王⋯　Ⅲ.①准噶尔盆地－气田开发－地面工程－数字化　Ⅳ.①TE4-39

中国国家版本馆CIP数据核字 (2023) 第080583号

责任编辑：袁　琦
封面设计：何凤霞
责任校对：薄军霞
责任印制：宋　林

出版发行：清华大学出版社
　　　　网　　址：https://www.tup.com.cn，https://www.wqxuetang.com
　　　　地　　址：北京清华大学学研大厦 A 座　　　　邮　　编：100084
　　　　社 总 机：010-83470000　　　　　　　　　　邮　　购：010-62786544
　　　　投稿与读者服务：010-62776969，c-service@tup.tsinghua.edu.cn
　　　　质量反馈：010-62772015，zhiliang@tup.tsinghua.edu.cn
印 装 者：三河市君旺印务有限公司
经　　销：全国新华书店
开　　本：185mm×260mm　　　　印　　张：16　　　　字　　数：318 千字
版　　次：2024 年 9 月第 1 版　　　　　　　　　　印　　次：2024 年 9 月第 1 次印刷
定　　价：68.00 元

产品编号：096810-01

前　言

　　在当今信息技术飞速发展的时代，数字化转型已成为各行各业实现可持续发展的必然选择。对于能源领域的油气田企业而言，数字化转型更是提升生产效率、保障能源安全、增强市场竞争力的关键举措。准噶尔盆地作为我国重要的油气生产基地，其地面工程的数字化转型具有重要的战略意义和现实需求。

　　本书聚焦准噶尔盆地油气田地面工程数字化转型，深入探讨了这一转型过程中的基本理论、可行性分析、技术支撑、平台设计、建设以及数字化移交应用等诸多方面。本书通过对国内外相关领域的研究现状和发展趋势的广泛调研，结合准噶尔盆地油气田的实际情况，力图为读者呈现一幅全面而深入的数字化转型图景。

　　在撰写过程中，我们深刻认识到数字化转型不仅仅是技术的革新，更是管理理念、组织架构和业务流程的全面升级。因此，本书不仅详细阐述了数字化转型所需的技术支撑，包括标准体系、安全体系等，还深入分析了数字化平台的设计与建设方法，以及如何通过数字化移交应用实现数据的有效管理和利用。

　　我们的团队深入实地进行调研，获取了大量第一手资料，确保本书内容具有较强的针对性和实用性。同时，我们积极借鉴国内外先进经验和技术，为准噶尔盆地油气田地面工程数字化转型提供了有益的参考。

　　此外，本书注重理论与实践的紧密结合，通过实际案例分析，展示了数字化转型在提高油气田运营效率、优化资源配置、降低安全风险等方面的显著成效和价值。我们希望这些案例能够为其他油气田企业和相关行业的数字化转型提供有益的借鉴和启示。

　　数字化转型是一个长期而复杂的过程，需要各方的共同努力和持续投入。本书的出版旨在为油气田企业的数字化转型提供全面的理论支持和实践指导，推动我国油气行业的数字化发展进程。在编写过程中，我们得到了许多专家和学者的支持和帮助，在此表示衷心的感谢。由于数字化转型是一个不断发展和完善的过程，书中难免存在不足之处，欢迎广大读者提出宝贵意见和建议。

我们相信，在各方的积极参与和共同努力下，准噶尔盆地油气田能够顺利实现地面工程数字化转型，为我国油气行业的发展树立典范。同时，我们也期望本书能为更多的企业和行业提供参考，助力我国经济的数字化转型和高质量发展。

最后，希望读者能从本书中获得有益的信息和启发，共同为实现我国能源安全和可持续发展的目标而努力。

目 录

1

地面工程数字化转型基本理论

1.1 数字化转型基本概念

1.1.1 数字化转型的背景和内涵

数字技术的发展和应用使得各类社会生产活动能以数字化方式生成为可记录、可储存、可交互的数据、信息和知识，数据由此成为新的生产资料和关键生产要素，推动产业数字化转型也成为新时代万众瞩目的新方向。深刻理解数字化转型，必须从其背景开始，而这要追溯到 20 世纪末提出的"数字地球"这一概念。

1. 数字地球

1998 年 1 月 31 日，时任美国副总统的戈尔（Albert Arnold Gore Jr.）先生，在美国加利福尼亚科学中心发表了题为"数字地球：认识 21 世纪我们所居住的星球"的著名演讲，首次提出了"数字地球"的概念。自此，数字地球像波涛汹涌的浪潮，在全球各地迅速蔓延，很快深入到人类生活的各个方面。与此同时，数字政府、数字城市、数字生存与数字经济等各种概念充斥了各种媒体。

数字地球的发展，是随着信息技术的发展和全球一体化进程的加快逐渐发展起来的。同时，数字地球也是一个不断完善的庞大的信息体系，其定义和内涵一直在不断发展与充实。戈尔先生在首次提出数字地球概念的演讲中，对数字地球做出了如下定义："我们需要一个数字地球，即一种可以嵌入海量地理数据的、多分辨率的和三维的地球的表示，并可以在其上添加许多与我们所处的星球有关的数据。"

不同的研究者对数字地球的定义会有所差异。中国科学院陈述彭院士等认为："数字地球是对真实地球及其相关现象的统一的数字化的认识，是以因特网为基础，以空间数据为依托，以虚拟现实技术为特征，具有三维界面和多种分辨率浏览器的面向公众的开放系统。"其主要有三部分：

（1）不同分辨率尺度下的地球三维可视化的浏览界面，这是与用户交流的接口。

（2）网络化的地理信息世界，为用户提供公用信息和商业信息，甚至可以为各类网络用户开辟一个认识地球的实验室。

（3）多源信息的集成和显示机制，即融合和利用现有的多源信息，并将它们"嵌入"数字地球的框架，进行"三维描述"和智能化的网络虚拟分析，这是数字地球的关键技术。

从本质上看，数字地球是一个关于地球的信息化"巨系统"，其中包括多种多样复杂的信息体系，如数据的获取与更新体系、数据的存储与处理体系、信息提取分析与知识挖掘体系、信息传播体系、数据库及网络体系、数据模型及应用模型体系、专家咨询服务体系、标准化体系、人文政治管理体系、法律财务体系等，融合了地球科学、信息科学、空间科学等多学科。

数字地球作为一门面向应用的新学科，其基本组成包括三个部分：基础理论、技术系统和应用领域。

基础理论主要包括：地球系统理论、地球系统的信息理论、地球系统的非线性和复杂性。

数字地球涉及庞大的技术体系，由于核心难题在于庞大的数据量带来的一系列问题，为此数字地球的关键技术在于对海量数据的各种处理和应用，可分为信息的获取技术、安全保存技术、数据交换与传输技术以及数据共享和加工技术等。数字地球的关键技术主要内容见表1-1。

表1-1　数字地球关键技术

要解决的问题	关键技术
信息的获取	地球空间数据智能获取技术，如卫星、遥感、遥测技术
信息的存储	海量数据存取，如分型编码技术、数据无损压缩及复原技术
信息的传输	宽带网技术，如空间数据库技术、数据交换技术
信息处理、科学计算	GIS的远程操作与交互计算技术、数据或知识的挖掘技术
信息共享规范	OpenGIS规范
前沿问题	数字地球的神经系统、网络行为、进化机制

数字地球可应用领域包括：数字政府、数字城市、数字海洋、数字农业等。

信息时代的来临正在改变着人类的生存和发展方式，数字地球技术的发展将主导未来全球利益的分配方式。从经济发展层面讲，数字地球能够让人类更好地理解地球、更有效地管理地球、更合理地调整人类自身的行为，从而产生巨大的社会效益和经济效益。

2. 工业 4.0、工业互联网和智能制造

德国工程师协会对数字工厂有这样的定义：数字工厂（digital factories，DF）是由数字化模型、方法和工具构成的综合网络，包含仿真和 3D/ 虚拟现实可视化，通过连续的没有中断的数据管理集成在一起。

说到数字工厂，我们就不得不提到另外几个概念：德国的工业 4.0、美国的工业互联网、中国的智能制造。从内在看，市场类型的不断发展促进了数字工厂的出现。

市场 1.0——自然经济：农业社会是自给自足的经济，我生产我消费，偶尔拿两个玉米出去交换一下。

市场 2.0——区域经济：大航海和蒸汽革命之后，人类建立起区域经济，区域内大规模贸易，区域外小规模贸易，七大洲的概念都是在这个阶段逐渐确立起来的。

市场 3.0——全球经济：电力和信息革命大大降低了人们跨地协作的成本，全球经济建立起来，整个工业生产分散到全球的每一个角落，地球村的概念出现。

市场 4.0——碎片经济：互联网带来的社群化，使不同社群间的价值观差异越来越明显，人们越来越难以相互理解，几百年被整合起来的市场再次被打碎，形成众多个性化需求。

为了适应这个碎片化的新经济趋势，传统规模驱动的大工业生产，必须要变成数据驱动的小工业生产，这就是所谓第四次工业革命的源头。

数字工厂是现代数字制造技术与计算机仿真技术相结合的产物，同时具有其鲜明的特征。它的出现给基础制造业注入了新的活力，为沟通产品设计和产品制造之间架起了桥梁。

3. 中国智慧工厂 1.0 实践

中国制造业体量庞大，门类齐全，发展水平极不均衡。各行业、各地域、各企业情况千差万别，有着截然不同的管理基础和技术基础。中国制造业的领域分布之广和发展纵深的层次之多是世界上任何一个国家都不能比拟的。这就决定了中国制造业的转型升级之路必定是独特的，是和德国、美国等先进制造国家不同的。而且，不同行业的特点不同、不同企业的发展水平不同，意味着并没有一条放之四海皆准的道路适合所有的企业。或者说，尽管有一些基本原则可以遵循，但每个企业的道路都应该是个性化的。

中国智慧工厂模型的提出，旨在帮助各企业认清自己的现状，识别自己的目标，选

择适合自己的发展道路，并制定出符合自身能力和资源水平的发展方案。智慧工厂1.0
即指各企业建设智慧工厂的第一阶段目标。

1）框架模型

智慧工厂1.0的框架模型是1-2-2-3-3模型。1是指建设智慧工厂的一个核心能力，即数据能力，形成数据—信息—知识驱动的路径。第一个2是指智慧工厂面向两类客户：一类是装备制造商，如北京第一机床厂、三一重工等；另一类是终端产品制造商，如华为、海尔、长虹等。第二个2是智慧工厂融合了数字制造和智能制造：数字制造可以理解成是虚拟的、数字化的制造体系，包括产品研发设计、数字样机、生产线规划、仿真等；智能制造是智能的部件、智能的系统、智能的装备、智能的生产线这些实际制造体系。第一个3是指三大集成，包括纵向的信息层面、横向的装备层面以及价值链和生命周期层面。其中价值链指企业运营的价值链，覆盖市场、制造、服务和财务等。生命周期层面包括产品的生命周期，也包括装备的生命周期，如客户需求、产品概念、研发设计、制造交付、服务和再回收等。第二个3是把不同自动化公司的产品，包括传感器、硬件、软件融合在一起，面向不同的联网装备搭建的物理（系统）模型、信息（集成）模型及能量（管理）模型。

2）核心要素

智慧工厂的核心要素是数据、信息和知识，每个企业需要找到一条路径，逐步转型成以数据、信息和知识作为核心竞争力的企业。数据（包括大数据）告诉我们什么时间、什么地点、发生了什么，哪个设备或流程、哪个人发生的。信息是数据经过处理和提炼的结果，告诉我们事件是怎么发生的。对信息的归纳总结推演会形成知识，比如行业的Know-How控制的原理等，它会告诉我们为什么会发生，最重要的是告诉我们如何应对。在及时、准确、有效的数据、信息和知识的支持下，企业人方能做出智慧的决策。

3）数字化转型

当前，数字经济正面临一次重大的时代转型，工业技术与信息技术的深度融合创新了生产组织方式和运行方式，引发产业变革和传统产业转型升级，新产业、新业态和新模式不断涌现。

互联网、物联网等网络技术的发展和应用，使抽象出来的数据、信息、知识在不同主体间流动、对接、融合，深刻改变着传统生产方式和生产关系。人工智能技术的发展，信息系统、大数据、云计算、量子通信等数据信息处理技术、先进信息通信技术的应用，使得数据处理效率更高、能力更强，大大提高了数据处理的时效化、自动化和智能化水平，推动社会经济活动效率迅速提升、社会生产力快速发展。数字技术的发展，使得数字化转型成为可能，也成为必然。

石油化工行业作为传统工业产业，面对能源革命和能源转型加快推进的新形势和新趋势，必须有效利用云计算、物联网、5G、大数据、人工智能等作为代表的数字技术，驱动业务模式重构、管理模式变革、商业模式创新与核心能力提升，实现产业转型升级和价值增长。

1.1.2 数字工厂基本概念

在第四次工业革命背景下，数字工厂技术对智能制造体系的建设带来的核心价值在于，通过新一代信息技术和制造技术驱动，整合多属性、多维度、多应用可能性的仿真技术，实现对物理实体对象的特征、行为、形成过程和性能等进行描述和建模，从而进一步实现智能化的数字孪生或数字化映射。

过去的制造业，对数字工厂的先进性的理解通常在于强调数字工厂伴随工厂的全生命周期：在工厂规划、精细设计、施工、生产、经营、优化、升级，直至消亡的过程中，一直伴随实体工厂的丰富、改进和演变。但在新的智能制造背景下，数字工厂技术先进性的内涵包括采用先进的传感器、工业物联网和历史数据分析等技术，具有超逼真、多系统融合、高精度的特点，可实现监控、预测和数据挖掘等功能。数字工厂将可以依靠传感器以及其他的数据来理解它的处境，回应变化，提高运营效率，增加价值。

20世纪80年代，以单元技术和离线编程技术为代表，形成了计算机辅助生产工程（computer aided production engineering，CAPE）的雏形，但功能相对简单。到20世纪90年代，随着仿真和可视化技术的发展，计算机辅助生产工程的概念和理论逐渐形成。CAPE通过制造工艺设计、资源管理来实现生产全过程的规划设计，但这种技术缺乏系统性和集成性，同时在仿真过程中缺乏有效的算法辅助决策。

随着制造业的发展，对制造业信息化的要求也越来越高。制造业信息化，是指采用先进成熟的管理思想和理念，依靠现代电子信息技术，对制造业进行资源整合、管理流程的分析和再造。此时的数字工厂，整合了制造企业综合的公益信息系统概念，包括工厂规划、工艺规划、仿真优化等内容，是一个完整的工艺信息平台，并有效解决了制造业信息化中存在的问题，成为先进企业信息化平台的组成部分。

经过数年发展之后，虚拟制造又向数字工厂提出了更高的要求。通过计算机仿真技术，预先呈现和模拟产品的整个生产制造过程，并把这一过程用二维或者三维的方式展示出来，从而验证设计和制造方案的可行性，尽早发现并解决潜在的问题，为生产组织工作做出前瞻性的决策和优化。这对缩短新产品开发周期、提高产品质量、降低开发和生产成本、降低决策风险都非常重要。

今天的数字工厂，是一种以资源、操作和产品为核心，在实际制造系统所映射的虚拟现实环境中，对产品的生产过程进行计算机仿真和优化的虚拟制造系统环境。

1.1.3 数字工厂关键技术

数字工厂的建立，需要很多关键技术，其中主要包括建模技术、仿真技术、优化技术以及集成和交互技术。

1. 建模技术

数字工厂的建设主要分为两个阶段：前一个阶段是承包商在建设物理工厂期间完成的数字化工程信息模型；后一个阶段是业主拿到数字化工程信息模型后，与分散控制系统（distributed control system，DCS）、监控系统、企业信息、企业资源计划（enterprise resource planning，ERP）等系统整合形成的数字工厂。

数字工厂技术要求有成熟和详细的模块化信息来支撑。成型模块有产品的信息，也有生产系统和生产流程的信息。在由生产系统数字化模型构成的虚拟环境中，设备模型对产品模型进行数字化加工，而工艺过程模型是连接产品模型和生产系统模型的桥梁。数字工厂系统是基于模型和仿真的系统，主要由模型、仿真、控制和支撑环境4个部分组成。数字工厂系统建立的基本要求是：功能一致性、结构相似性、组织的柔性、集成化、智能化、可视化等。工程信息无论是在工程建设期还是运维期，都是至关重要的。为实现卓越运营，数字工厂的定义和建设对工程信息的聚合和关联提出了更高的要求。

2. 仿真技术

数字工厂系统需要向工厂提供全过程的仿真，包括宏观的生产经营过程和微观的物理化学反应过程。仿真的实现要尽可能真实地映射出工厂生产经营的价值流，还要使各个生产经营阶段能实现有效的解耦合与分段仿真。

仿真用具象化的表现形式，将设备的特性和生产工艺的特性尽可能真实地模拟和再现，并准确地在虚拟数字环境中模拟真实的物理工厂。结合先进的传感器和工业物联网技术，当前的仿真技术可以实现客观物理工厂真实数据和数字化模型的融合，将资源、信息、物体及人紧密联系在一起，从而为实现数字孪生概念的落地提供具体的应用技术。

3. 优化技术

在仿真系统的基础上，通过智能学习和工业大数据分析技术，数字工厂系统可以进一步实现对生产的优化。

基于数字孪生体系中仿真模型和算法相结合，可以实现静态优化模型的输出，包括对设备布局的优化和反应机制的工艺优化。根据数字孪生模型输出的静态优化结果，构建出带模拟驱动引擎和运行参数的虚拟生产线，从而构建工厂的数字孪生模型，并进行全局仿真和工业工程分析。根据分析结果，通过数量决策和优化目标搜索等算法，对生产系统进行参数优化和结构调整，以达到优化生产过程、提高生产效率的目的。优化的内容包括了加工方法的优化、操作顺序的优化、设备布局的优化、生产平衡的优化、供应链的优化以及工作流的优化等。

4. 集成和交互技术

数字工厂中的集成，主要体现在分布分层集成化模型和数字工厂集成支撑平台上。模型中各阶段中存在相互协调，各层之间存在动态反馈，同时为了克服传统递阶结构的缺点，每个规划单元分配有一定的局部自治性。通过构建面向生产工程的数字工厂集成支撑平台，有效支持数字工厂的分布分层集成模型。

实际应用中，数字工厂是一个集成的计算机环境，在计算机网络和虚拟现实环境中建立对生产工程各环节的模拟，小到操作步骤，大到生产单元甚至整个工厂。

数字工厂是基于数字孪生的逻辑构建而成的应用集成管理平台，可以通过一致的数据访问模型，将不同的应用系统数据集成起来，使各功能系统协同工作。高度仿真的数字模型在工业物联网的连接下，有效实现了与设备以及管理人员之间的互动，从而构建出真实的物理工厂和虚拟的数字化模型之间的数字孪生体系。

1.1.4　数字油气田转型

与传统经济相比，蓬勃发展的数字经济赋予生产要素、生产力和生产关系新的内涵和活力，不仅在生产力方面推动了劳动工具数字化，而且在生产关系层面构建了以数字经济为基础的共享合作生产关系，促进了组织平台化、资源共享化，提升了资源优化配置水平。从这个角度看，数字经济极大地解放和提高了社会生产力，优化了生产关系和生产方式，重构了产业体系和经济体系。由此可见，对于油气田企业来讲，实施数字化转型，建立数字工厂，主要是依托迅速发展的数字经济，建立先进的数字油气田管理体系，提升油气田的管理效率和创新活力。

数字油气田的概念源于数字地球，是数字地球在石油行业的一个具体实现。石油行业在自身几十年的发展过程中，已经形成了一套独有的科研生产经营管理模式。因此，数字油气田必然会有许多相对数字地球更具体、更细节的特殊性，而正是这些特殊性决定了数字油气田与同样源于数字地球的数字城市、数字政府、数字河流等有着不同的特点。

1. 数字油气田的概念

数字油气田从字面上讲，可以直观地解释为"数字化了的油气田"。其中，人们对数字化的理解较为统一，不存在过多歧义，但对油气田概念的理解较为混乱，为此，有必要先阐述下油气田的概念。

不同的人提及"油气田"一词，或者同一个人在不同场合提及"油气田"一词时，其含义可能都存在或大或小的差别。通常，对"油气田"一词存在如下多种理解：

（1）某个独立产油的区域，如准噶尔盆地油气田下属的采气一厂克拉美丽作业区。

（2）由一个独立的机构经营的多个油气田的组合，如准噶尔盆地油气田管辖的所有油气田。

（3）一个以油气田为主要经营对象的经营机构，如准噶尔盆地油气田。

（4）一个以油气田业务为主的城市，如准噶尔盆地油气田所管辖的整个人居环境及油气田。

可以看出，第三个理解与前两个理解的差别在于是否包含经营活动，而第四个理解则更多是包含了"城市"的概念在里面。

结合油气田管理实际及数字化现状，上述第二个或第三个概念应当是比较合理的油气田的概念。因此，本书所讨论的油气田的概念被限定包括如下3个方面的内容：

（1）地质概念上的油气田，即地球表面"近地表"的一块生产油气的区域。

（2）针对该区域的勘探、开发、生产以及与生产配套所需要的建设或研究活动。

（3）对上述区域内的油气资源开展的以盈利为目的的经营活动。

基于上述概念，可以对数字油气田有一个清晰的理解，它的基本内容应该与上述油气田的概念对应，基本内容包括：

（1）数字地表、数字地下（数字构造、数字圈闭、数字油藏、数字井筒）、数字地面建设（数字管网、数字集输、数字油库等）。

（2）油气田勘探开发研究过程的数字化。

（3）油气田经营管理过程的数字化（ERP等）。

2. 数字地表

数字地表是指油气田所在区域的地球表面的地理信息系统建设，包括地表高程、植被、河流、公路等所有对油气田勘探开发建设有影响的地表信息的数字化，也就是通常所称的地理信息系统（geographical information system，GIS）。这一系统是数字油气田的基础，因为油气田的所有活动都在地表发生，GIS界面，可以将地下的所有信息和地面之上的所有油气田建设信息有机地组织起来，形成一个完整的系统。

3. 数字地下

数字地下是油气勘探开发、科研生产活动的主体。实际上，油气勘探开发过程就是一个对地下情况渐趋准确认识的数字化过程。地下的地层、构造、岩性、圈闭、流体、温度、压力等因素的演化历史以及由上述因素构成的含油气系统，都是勘探开发所要认识的主体。人们通过各种勘探手段力争获得地下情况的一个全面的、完整的图像，从而达到准确识别地下油气并实现经济高效开发的目的。

4. 数字地面建设

数字地面建设是油气勘探开发必需的配套手段。勘探设备需要运输，就必须建设公路；打井需要平整井场；生产出来的油气需要油气输送管道；需要储运设施；需要水、电、通信设施等。所有这些都要与地下的情况和地表的情况相协调，三者之间的配合还要考虑环保、安全、经济等因素。

5. 现代油气勘探开发过程的数字化

现代油气勘探开发过程包括早期的区域评价、区块优选、勘探开发矿权登记、地球物理勘探、油藏描述、钻井工程、油湖数值模拟、测试井开发，各种提高采收率的措施实施、剩余油勘探、三次采油等过程，这一过程涵盖了整个油气田的生命周期。这是一个系统工程，环环相扣、相互影响，勘探开发过程的数字化的核心就是贯穿整个过程的数据流和管理流的数字化，也包括对勘探开发生产研究业务流的改进、优化和再造。

6. 油气田经营管理的数字化

油气田经营管理的数字化就是油气田企业的 ERP 和电子商务等与油气田企业经营管理直接相关的信息系统。

7. 数字油气田定义

根据以上理解，结合数字地球的概念，倾向于把数字油气田定义为：数字油气田是数字地球的一个子系统，是油气田油气地质特征、勘探开发过程和生产经营过程的数字化的虚拟体。该虚拟体会在整个油气田生命周期中不断完善，人类通过与该虚拟体的互动，不断加深对油气田地质特征的理解、优化勘探开发过程、提升经营管理能力，从而为油气田企业赢得最大的经济效益。

根据上述定义可以看出，数字油气田具有 3 个基本特征：①是一个数字化的虚拟体；②是一个动态的不断优化的虚拟体；③人类可以与之互动并从互动中获益。

作为数字地球的一个子系统，数字油气田应用是建立在数字地球框架下的在线油气田空间信息服务系统，由于油气田 90% 以上的决策信息与空间定位信息有关，所以快捷高效、准确及时的地理和空间信息服务可以保证油气田企业工作职能的实现，提高工作效率，降低勘探风险。数字油气田采用可视化的表达方式，使各种信息表达更为生动，便于理解。

数字油气田是以油气田为研究对象。由于油气勘探、开发、运输、炼制等生产经营活动大都是发生在油气探区、矿区和临近范围，数字油气田能把油气田的立体空间内所有确定点的相关数据和信息组织起来，组成能包容地上和地下、企业管理和地质工程都在内的信息系统；并且还能获得行政区划、地形、水系、交通等标准空间地理信息图层的支持。以计算机和高速网络为载体，以空间地理信息为参照，将油气田的生产、经营和管理的多种数据进行高度融合。在建立油气田科研、生产和管理流程各种优化模型的基础上，利用信息技术、仿真和虚拟技术等对数据进行多维可视化表达实现平面上涵盖整个油气田地域，纵向上包括从地面到地下的多层次、多属性信息，时回上贯穿整个油气田生命周期的综合信息集成，提高油气田总体信息分析能力，以支持油气田的勘探开发等关键业务深入发展和优化的需要，从总体上辅助油气田经营管理的决策分析，进一步挖掘各个环节的潜在的价值，为油气田企业的可持续发展创造良好信息支撑环境。

8. 数字油气田的分类

从数字油气田的定义可以看出，数字油气田的研究范围很广。概括起来，可以将数字油气田划分为如下子系统。

（1）数字油藏子系统：构造、地层、岩性、圈闭、储量、流体等。

（2）数字井筒子系统：钻井、完井、试井、录井、测试等。

（3）数字地面子系统：油气站、采油厂、集输、给排水、电力、道路、高程、水流、植被、公路、城市等。

（4）数字勘探子系统：地质、地化、地球物理等。

（5）数字开发子系统：油藏建模、数值模拟、提高采收率等。

（6）数字管理子系统：设备管理、物资管理、人员管理等。

（7）数字经营子系统：经营战略、经营范围、营销渠道等。

根据数字油气田研究所涵盖的油气田业务范围，可以把目前的数字油气田研究划分为狭义数字油气田和广义数字油气田。①狭义数字油气田包括地质模型、系统集成、信息管理与流程再造等，是数字油气田科研层面的概念，共同关注油气田本身的科研和生产，以及与科研生产相关的信息的共享和集成，不关心油气田企业的经营活动。②广义数字油气田综合了各种人士认为数字油气田的根本目的是通过优化油气田企业的业务流程，提升油气田企业的科研生产能力和经营管理水平，从而提升油气田企业的盈利能力。

从不同研究侧重看：地质模型强调建立自然状态的油气田地质模型，关注模型的准确度和精细度，以及对勘探开发生产的指导意义，建设过程主要是对地质模型的逐步细化和逼真的过程；系统集成则强调油气田勘探开发各专业领域的集成，关注数据的集成和学科的交叉，认同多学科协同对数字油气田建设的核心作用；信息管理认为数字油气田是对整个油气田业务流程的所有信息的统一管理、软件集成和工具集成，强调数据的交换、共享和知识的挖掘；流程再造则关注油气田业务流程的虚拟化分析和模拟，发现问题、修真缺点、弥补不足，深层次优化完善油气田企业的业务流程，实现油气田企业业务流程再造，全面提升油气田企业可持续发展和参与竞争的能力。

不同层次的数字油气田实施难易程度有所差别，对油气田企业的价值也不一样。通常来看，地质模型实施起来比较容易，投资较少，能够在较短的时间内见到成效，但效益局限在对油气田的认识程度层面。流程再造实施难度较大，需要较多的人力物力投入和较长的实施周期，但对整个油气田企业盈利能力和竞争力的提升、对企业的成长有很大价值。

9. 油气田数字化战略规划

寻找石油的过程就是一个数据采集和分析的过程。从浩如烟海的数据中挖掘到了合适的数据就是挖掘到了石油。因此，数据是石油工业的第一财富，积累数据就是积累财富，管理数据就是管理财富。由此可见，做好油气田数字化的规划，建立高效可靠的信息管理系统对油气田企业至关重要。

从油气田企业勘探开发业务来看，油气田的信息具有以下特点：

（1）从信息的来源来看，油气田信息大多来自于大规模的野外生产和施工。

（2）从信息的实体来看，信息涵盖的对象是隐藏于地下的巨大的流动矿体资源，因而地质实体是研究的中心。

（3）从信息的本身来看，信息的时空跨度大，结构复杂，呈多源式分布，图形是信息常见的集合形式。

从生产和管理发展的角度看，数字油气田存在着诸多方面的需求。

（1）地质构造的复杂和油气藏的庞大、勘探开发活动的持续进行，以及采集数据的新工艺和分析手段的不断完善，使得石油勘探开发有关的数据量急剧增长，对数据资源的科学管理、有效利用提出了新的要求，因此迫切需要寻求一种对信息的集合—检索—应用的信息管理模式，实现石油信息在企业管理、决策层的高效利用。

（2）考虑到石油信息平台和各种应用，无论是盆地模拟、油藏描述、圈闭管理，还是计划规划、生产管理，其共性都是在数字化的基础上。经过逐级查询、检索来获取数据，完成数据的专业或应用集合，组合成独立的或综合的信息实体对象，再进行计算、统计、模拟、组合，以图形、表格、文字等形式表达结果。实现图形可视化将大大提高数据的分析和应用能力，而仿真和虚拟等展现形式将成为油气田多个专业应用发展的趋势。

（3）石油信息的特点之一是其空间性。石油工业生产资源的主体——油井、物探测线、油气水管线、地下的构造、油气田、油气田地面建筑，都有其空间地理属性。如果用地理属性把这些油气田实体叠加到电子地图上，就可以实现地图与数据库实体的双向查询，因此，实现以地理坐标为参考的信息标定成为油气田信息应用越来越现实的需求。

（4）油气田企业的生产和经营面临着许多不确定性，如地质条件的不确定性、储量的不确定性、开发方案的不确定性、经济评价的不确定性和市场环境的不确定性等。这些不确定性给油气田生产经营带来了风险，如何对不确定性进行分析和提高防范风险的能力成为油气田企业的挑战，因此，从信息应用角度建立不确定性分析方法，量化不确定性，提高决策辅助能力也是今后油气田信息应用的发展方向。

由上面的分析可以看出，油气田生产和管理的许多方面都期待以数字油气田的技术和方法来解决生产和管理中存在的问题或进一步提高生产和管理水平，可以说，数字油气田在当前和未来石油生产和管理中存在巨大的实际应用需求，进行油气田数字化战略规划有极大的社会价值和经济效益。

1.2　数字化转型难点

1.2.1　战略与执行拉通不到位

有战略有执行，却拉通不佳；与执行团队谈战略，答案不清；与高层交流，发现其对执行层失望。这是因战略层、管理层、执行层未拉通及缺反馈。企业战略常传达不到位或不及时，中层若不能协调和"转译"战略，或成"缓冲区"或"终结者"。执行层方向错又不反馈，做得越多浪费越多。归根结底，是战略和执行未形成传达和反馈闭环，导致拉通不到位。

1.2.2　找不到合适的合作伙伴

企业数字化转型常因内外因素，仅靠自身经验难以应对。企业既要识别自身优势，又要借助外力获取新思维和经验来构建核心能力，所以需要合作伙伴。然而，现实中企业决策者面临困境，战略伙伴缺执行力，执行力强的缺战略洞察，成熟产品服务商难个性化定制，定制服务商缺现成产品。数字化转型无标准答案，选合适伙伴与选转型道路同样重要且具挑战。

1.2.3 遵循计划还是拥抱变化

计划可以带来可预测性，按计划执行能达预想结果。但如今环境和市场变化，打破计划与结果的关系，企业需灵活应变，可过于灵活会缺规章，企业在计划和灵活之间不断试错，平衡二者无标准，要依靠自身经验和长期锻炼。

1.2.4 数字化变革和组织变革的协调

数字化转型的决策者常问组织结构是否要调整。企业因外部压力转型追求经济利益，内部需流程、组织和文化协同，如治病要改变习惯。转型成功别兴奋，遇困别担心。决策者要直面压力，因组织结构必然要调整，哪怕是协作方式，否则如同在跑步机上跑，虽累却原地不动。

1.2.5 赋能的效率与效益之间的矛盾

数字化转型方式多样，终极目标是使企业获能力、破瓶颈、应挑战，承载赋能期望。但此期望不可急于求成。人员和组织成长需时间，人的思维改变需过程，思维指导行动，行动结果强化思维，经数轮循环，企业才能进化提升。

1.2.6 转型领导力

转型中企业需要什么样的领导、什么样的决策者和推动者，这些角色需要具备什么能力才能为转型保驾护航。

转型领导力最为重要的一点是通过提问触发自己的反思，因为现实是动态的，没有一种具体的能力能将企业护送到终局，要想适应一个快速变化、极度不确定的世界，保持反思、保持调整，成了一种新型的领导力。

1.2.7 想破但破不了的"部门墙"

在任何重大的变革中，企业内都可能会出现"抗体"，而"墙"便是带来这些"抗体"最大的元凶。企业内的"抗体"安于现状，抗拒改变，自下而上的变革是无法突破"墙"

的，因为企业内很多中层管理者便是"墙"一样的存在。

无数经验证明，"墙"本身不是变化的阻力，真正的阻力来自"墙"后的利益分配，"不患寡而患不均，不患贫而患不安"，一语道出万千头绪。

数字化转型是一个持续变革的过程，需要勇敢的领导者，开放心态、转变思维、大胆决策、寻求创新，带领企业从成功或不成功的经验里持续反思、持续学习，企业才能突破各种挑战，在进化中不断前行。

1.3　油气田数字化转型发展产业化出路

数字化转型是推动政府、企业、部门高质量发展的必然选择，是我国数字经济建设与发展的引擎，是科学技术全面发展的良好机遇，是打造我国数字化完整工业体系的必然之路。

首先，数字化转型是改造提升传统动能，培育发展新动能的重要手段，具有向管理赋能、技术赋能和数据赋能的价值再造能力，提升政府、企业、部门精细化管理、精益化建造和精致化生产运行水平，构建"生产服务 + 商业模式 + 金融服务"跨界融合的产业生态，聚合工程项目设计、施工、运维一体化的集成管理优势，提升产业基础能力和产业链现代化水平，助力"内循环"、促进"双循环"，加快推动高质量发展，提供了良好的机遇。

其次，数字化转型为我国开启第四次工业革命吹响了进军号，是数字、数据、信息、知识、智慧化技术创新与方法创新的"创新工场"，包括每一级政府，每一个地方，每一个企业，每一个业务，都可以实施数字化转型与高质量发展，是基础科学研究的孵化器，技术创新的平台，方法模式创新的基地，数字经济的演练场，你有多大的能耐就有多大的收获。

而考核数字化转型发展，不是信息化时代的信息技术的辅助作用，而是数字化转型发展的两个重要指标，即：数字化产业构建与数字化经济形态，如果这两个指标达到了，就意味着数字化转型成功。

那么，对于油气田这样的生产型企业如何来考核？确实有一定的难度，但也不是不能完成。

第一，油气生产本身就是一种产业化过程，油气田企业在油气生产过程中通过数字化转型改造、提升传统动能，培育发展新动能，向管理赋能、技术赋能和数据赋能，提升企业的精细化管理、精益化建造和精致化生产运行水平，构建"生产能力 + 生产运行质量 + 技术服务"跨部门、跨专业融合的油气产业生态，其核心关键是"提质增效"。

做到存量优化，增量创新，稳产、增产等完成油气田企业的经济效益大提高。

第二，数字技术产业化。在油气田企业数字、智能化建设中，要利用很多先进技术来完成数字化转型，企业领导要充分关注到这样的技术，完成技术的创新与集成及融合，构建属于自己的具有知识产权、能够形成品牌的技术与产品，完成产业化与技术服务能力。

第三，数字化人才经济创新发展。在数字化转型发展建设过程中将会出现大量的岗位消失，机构消肿，工作减员，很多传统技术高级别人员都被智能上岗所替代，而新型人才又严重短缺，十分紧俏的局面。

所以，未来油气田需要大量"职业化人员"，即具有懂油气田业务、跨学科、跨专业能力、懂数字技术的人员，将会有一大批就业岗位；需要"专业化团队或队伍"，在油气田工作或技术服务，这就是数字化转型发展中的人才产业化。为此建立第三方技术服务业团队，这是一个巨大的商业市场和商机，完成市场化的数字化技术服务。我们可以做一个大胆的预测，未来数字生产队伍要大于所有目前油气田企业的生产作业队伍，成为主力军。

通过以上的数字化转型发展，就能完成数字化转型发展的指标考核，完全搞活数字化转型后的企业。其他生产性企业都一样，都会出现这样的局面，都会在数字化转型发展中获得大的成就。

2

准噶尔盆地地面工程
数字化转型可行性分析

2.1　准噶尔盆地油气产业发展现状与趋势

　　新疆维吾尔自治区准噶尔盆地既是我国重要的油气生产基地，也是国内重要的特色石化产业基地。目前已初步形成石油化工产业群，油气产业发展潜力巨大。准噶尔盆地地处我国西北边陲，亚欧大陆腹地，具有重要的战略地位，其独特的地缘、资源优势，以及能源和石化产业结构上与中亚诸国存在广泛的同构性和互补性，使之成为中国连接中亚国家能源产业合作的主力军。中国与中亚加强油气资源合作，对于缓解自身能源供应压力具有极其重要的意义。

2.1.1　新疆油气产业现状概述

　　新疆未来油气勘探开发潜力较大。新疆维吾尔自治区地域广阔，油气资源十分丰富，资源量占全国的 20% 以上；油气资源探明率均不高，仍属于低勘探程度阶段；油气产量位居全国前列，是我国重要的油气生产基地之一。

　　新疆除自身原油产量不断增长外，来自中亚地区的进口油气资源也在不断增长和多样化，为新疆石化产业发展带来了更多机遇，并形成新疆石化产业特有的竞争优势。

　　虽然新疆油气资源丰富、开发利用潜力大，但面临地质条件复杂、勘探开发难度大、原油加工技术复杂、产品结构不尽合理、远离主要市场等挑战。

立足于新疆自身丰富的油气资源和毗邻中亚—俄罗斯资源富集区的双重优势,因地制宜、统筹协调,在相关政策支持下,充分发挥科技支撑引领作用,新疆有望建成我国最大的油气生产基地、特色炼油化工基地、油气储备基地、工程技术服务基地和油气输送战略通道,初步形成"绿色、高效"的油气产业体系。

2.1.2 新疆油气产业资源基础与发展现状

新疆发育有 34 个古生代与中、新生代沉积盆地,沉积岩面积达 97.7 万 km^2,约占全国沉积岩总面积的 1/5。面积大于 1 万 km^2 的盆地有 12 个,占新疆盆地总面积的 90%,拥有丰富的油气资源。据全国新一轮油气资源评价结果,新疆石油地质资源量 234 亿 t,天然气地质资源量 13 万亿 m^3,分别占全国的 23.3% 和 21.5%,均居全国第一位。

目前在已形成的塔里木、准噶尔和吐哈三大油气区,石油和天然气远景资源量分别为 213 亿 t 和 11 万亿 m^3,分别占全国主要含油气盆地石油和天然气资源量的 20% 和 32%。油气勘探开发具有较大的资源基础,是我国 21 世纪重要的油气生产战略接替区。除常规油气资源外,新疆非常规油气资源也比较丰富。例如,在塔里木盆地库车深层和吐哈盆地山前带的致密储层气勘探以及准噶尔盆地的致密储层油勘探已获得重要发现,新疆致密储层油和气也具有一定的资源潜力。油砂和油页岩资源也比较丰富,但均处于勘探开发起步阶段。新疆低阶煤、中阶煤和煤层气资源开发利用具有较好的前景。

2.1.3 新疆油气产业发展现状分析

1. 油气勘探开发产业发展现状

新疆已成为我国重要的油气生产基地之一,在我国油气产业中占有十分重要的地位。目前,常规油气的勘探开发正处于快速发展期,非常规油气资源勘探开发程度很低,尚处于勘探开发初期阶段。据统计,截至 2010 年年底,新疆共发现油气田 86 个,占全国已发现油气田总数的 9.8%;累计探明石油地质储量 41.6 亿 t,占全国探明总储量的 13.5%,仅次于黑龙江省和山东省,居全国第三位;累计探明天然气地质储量 1.5 万亿 m^3,占全国的 19.5%,仅次于四川省和内蒙古自治区,居全国第三位。目前,新疆的石油、天然气远景资源探明率均不高,分别为 17.5% 和 10.8%,仍属于低勘探程度阶段,未来油气勘探开发潜力较大。1998—2010 年,新疆石油、天然气年产量持续上升,成为越来越重要的油气资源供应省区。

新疆的石油产量总体呈平缓上升趋势，由 2010 年的 2570 万 t 增加到 2023 年的 3270.09 万 t，居全国第三位；天然气年产量总体呈上升趋势，且增幅很大，由 2010 年的 250 亿 m³ 增加到 2023 年的 417 亿 m³，居全国第一位。新疆已成为中国名副其实的油气资源战略接替区。

2. 油气化工产业发展现状

新疆油气化工产业经过多年发展，已初步建设成为国内重要的特色石化产业基地。以石油和天然气资源产地为中心，形成了以资源类型为特色的石油化工产业群，并逐步向周边地区辐射。新疆的炼油与石化产业已建成以中国石油和中国石化为主、民营企业参与的各具特色的炼化产品生产区。近年来，独山子千万吨炼油、百万吨乙烯工程和西气东输二线西段工程相继建成，石油石化产品与下游相关产业一体化发展格局已初步形成。据统计，石油和天然气开采业增加值比 2022 年增长 2.9%，电力、热力生产和供应业增长 8.9%，石油、煤炭及其他燃料加工业增长 6.4%，化学原料和化学制品制造业增长 4.7%，煤炭开采和洗选业增长 16.3%，有色金属冶炼和压延加工业增长 11.8%。已建成独山子、克拉玛依、乌鲁木齐、塔里木和塔河五大炼油化工基地。

新疆地处我国西北边陲，与多个国家接壤，除自身原油产量不断增长外，来自中亚地区的进口油气资源也将不断增长和多样化。因此，良好的油气发展前景必将为新疆石化产业发展带来更多的机遇，形成新疆石化产业特有的竞争优势。

2.1.4 新疆油气产业发展面临的问题与技术需求

1. 油气产业发展面临的主要问题

2010 年中央新疆工作座谈会提出新疆跨越式发展后，新疆地区能源大企业纷纷加大了油气资源的勘探开发力度，为加快新疆油气产业发展提供了重要机遇。与此同时，资源税改革政策的实施，增加了新疆的地方税收，为促进新疆油气开发利用创造了企业与地方的友好氛围。虽然新疆具有丰富的油气资源基础和良好的发展机遇，但油气产业的发展也面临着一定的挑战，主要体现在油气的勘探、开发和炼油加工等方面。

2. 地质条件复杂，油气勘探开发难度大

新疆含油气盆地类型丰富、地质结构复杂、油气成藏条件相对复杂，油气的勘探与开发难度相对较大。主要难点体现在以下几方面：一是地表条件复杂，油气勘探开发面临一些关键技术问题。新疆含油气盆地多处于山前、戈壁滩、大沙漠区，地震资料信噪比低、分辨率低的矛盾未得到根本解决，不能完全满足圈闭准确落实、储层预测和流体分布预测的要求。二是盆地类型丰富、地质结构复杂，受勘探程度和资料条件制约，对油气富集规律的认识还需深入，勘探周期长。三是新疆既有前陆冲断带，又有碳酸盐岩，还有深层碎屑岩和火山岩等勘探领域，勘探开发领域众多，目标也日趋复杂和隐蔽，存在"深、薄、低、隐、难"等地质风险。四是油藏类型复杂，工程技术有待完善，在安全、周期、成本等方面存在较大压力。五是部分油气田储量品位较差、单井产量低，开发面临着较多的技术难题。

2.1.5 油气产业发展的关键技术需求

在分析新疆油气勘探开发与炼油化工发展现状的基础上，结合未来油气、炼油化工"十四五"总体发展规划，参考油气行业勘探开发产业比例匹配关系，分析了实现新疆油气产业发展战略目标的技术途径。总体原则是加快发展、保持平衡、确保可持续发展，参照全国能源行业"十四五"总体规划与发展目标，优先设计、发展近5年与未来10年带动产业跨越式发展的关键科学技术，培植未来10~20年的非常规油气勘探开发技术、炼油化工特色技术、节能减排技术和油气产业相关配套技术，有效支撑新疆油气产业的发展。

要实现油气产业的发展目标，油气资源基础是第一位的。因此，在未来的10~20年甚至相当长的时期内，要坚持突出油气资源的战略地位，不间断地开展各类油气资源的资源评价和油气成藏、分布规律与战略选区工作。从技术上来讲，2011—2020年，立足常规油气藏勘探开发领域，开展科技攻关，做到碳酸盐岩、火山岩等特殊岩性油气藏，碎屑岩岩性地层油气藏勘探开发技术基本成熟；前陆冲断带勘探开发关键技术、稠油SAGD热采和二次采油等技术不断完善；三次采油、稠油火烧油层开采、超深层油气藏高效勘探开发和非常规油气勘探开发关键技术攻关见到明显成效。2020—2030年，在坚持常规油气领域的勘探与开发的同时，积极拓展非常规油气领域。基本形成针对岩性地层、碳酸盐岩、火山岩和前陆冲断带四大领域成熟的勘探开发技术系列；三次采油、稠油火烧油层开采、超深层油气藏高效勘探开发和非常规油气勘探开发关键技术取得重大突破，并实现推广应用。

2.1.6 油气产业配套技术

实现准噶尔盆地油气产业发展目标的配套技术主要有油气储备关键技术和油气产业智能化、信息化技术。2011—2020年立足油气田勘探开发、炼油化工和油气储运等行业的标准化与信息化建设，初步形成油气上下游工业化体系的动态监测与自动化控制等配套技术；2021—2030年立足油气行业的智能化控制与决策系统建设，形成相关配套技术。

（1）油气储备关键技术。油气资源储备分为地面与地下两种储备方式，地面储备技术要求低，而地下储备技术要求高。地面油气储备关键技术包括区域内油气储备量评价体系，油气高效混输技术，油气储罐设备制造、消防、监控和计量技术等。地下油气储备关键技术包括油气封存配套技术、油气库建设工程技术、油气资源快速动用高速开采配套技术和油气储备库高效管理配套技术等。

（2）油气产业智能化、信息化技术。油气勘探开发是复杂的系统工程，包括地质研究、勘查、钻井、测井、录井、试油、开采、勘察设计、油气田地面建设、井下作业、实时动态监测、数据传输、油气田服务和系统管理等。随着现代化、数字化、信息化社会建设快速发展，油气田建设也逐步进入现代化与信息化时代。油气产业智能化、信息化、数字化关键配套技术包括勘探、开发、储运、储备自动采集、自动传输、自动遥测、自动虚拟现实、智能完井、自动化控制和数据集成、智能判别、智能监测和智能决策等。

2.1.7 油气产业发展方向与政策探讨

1. 总体发展方向

基于新疆油气产业发展现状，未来的发展应立足于新疆自身丰富的油气资源和毗邻中亚—俄罗斯资源富集区的双重优势，因地制宜、统筹协调，充分发挥科技支撑引领作用，加快推进新疆油气产业跨越式发展。将新疆建成我国最大的油气生产基地、特色炼油化工基地、油气储备基地、工程技术服务基地和油气输送战略通道，初步形成"绿色、高效"的油气产业体系，为保障国家能源安全和促进新疆经济社会跨越式发展做出更大贡献。

2. 油气产业未来发展趋势

预计到2030年，新疆油气资源进入大开发阶段，我国最大的油气生产基地、特色炼油化工基地和油气输送战略通道基本形成。新疆地区油气当量产量达到1亿t；跨国管道年进口油气当量达到1亿t；炼油能力达到5000万t/a，乙烯能力达到200万t/a。

3. 油气产业发展政策探讨

从油气产业未来的发展方向和目标出发，结合新疆油气产业发展现状，笔者提出以下几点建议，供读者探讨。①建议成立新疆维吾尔自治区能源协调委员会，统筹制订新疆油气发展总体规划。依托在疆的油气企业，明确油气发展的基本原则、方向、目标、重点任务和保障措施；统筹油气生产与转换、工程技术服务保障基地建设与布局，统筹油气输送大通道建设与布局；加强对油气产业发展的支持、引导和服务，促进油气产业有序发展。②建议出台相关鼓励政策和措施，促进新疆油气勘探开发。激励各在疆企业把自身的发展与地方经济社会发展更加紧密地结合起来，充分发挥自身优势，为地区经济发展多做贡献。鼓励石油石化企业加强对新疆油气资源的勘查、评价和选区工作，加大勘探开发投入；对开发利用难度大和自然地理条件恶劣的油气项目实行税费减免政策；对油气大通道建设项目给予投融资、税费和用地等优惠政策；提高企业新技术、新工艺的研发投入应纳税额的扣除比例。③建议进一步理顺油气资源利益分配关系，加快新疆油气资源开发相关税费改革。如将资源税扩大到石油、天然气等能源品种，并视情况合理提高资源税率标准，加大税费地方留存比例，切实推进新疆油气资源优势向经济优势转化。④建议设立"新疆油气发展科技攻关专项"。以在疆油气勘探、开发和石化企业为主体，相关科研院所参加，加强新疆油气产业关键技术攻关，强化重点示范区建设；出台鼓励政策和措施，引导企业加大对油气资源的科技投入，建设一批适应新疆油气资源独有特点的国家油气重点实验室和油气产业研发基地；充分利用新疆的油气资源优势，进行石油石化下游产业的深度开发，发展高附加值产品，扩大下游产业链，解决就业，推动终端消费。

2.2　准噶尔盆地地面工程建设现状

2.2.1　地面工程概况

油气田地面建设，包括了原油集输、天然气集输、注水、给排水、污水处理、电力、通信、道路、消防、土地与社区等专业系统。

油气田地面建设作为油气资源开发、转运与存储过程中的重要一环，其开发质量将会直接影响到油气开发活动的整体质量。为了确保油气资源开发活动的高效开展，地面工程需要从集油工艺、注水工艺、站场工艺等多个层面出发，开展相关建设活动。具体来看，集油工艺工作范围较大，覆盖了油井、原油库、输油管道等多个区域，在此基础上，实现了油气资源的收集、输送与初步处理。不同的油气田根据自身的使用需求，会采取不同的集油工艺，例如内蒙古阿尔油气田采取环状集油的方式，通过环状管道减少计量站的数量，控制地面工程建设费用。注水技术的技术优势在于通过加入注水流程，保持油层内部压力，降水作为驱替剂将更多的原油从油层之中驱离。通过这种操作，减少油气资源开采难度，降低开采成本。在实际使用的过程中，根据不同的使用需求，注水技术逐步呈现出多元化的发展趋势，边缘注水、切割注水、面积注水、点状注水等都在很大程度上满足了不同油气田开发工作的使用需求。站场工艺方面，站场在建设的过程中需要对阀组间进行调试，将掺水分配计量、混合液回站计量、压力、温度、可燃气体监测以及排风扇联动控制等工艺进行综合，进而对整个油气田生产活动的各个流程进行监控，同时也为各项管控工作的开展提供了必要的平台，工作人员能够以站场为媒介，对油气田生产活动中出现的问题进行合理化控制，避免出现生产事故，推动生产活动的有序开展。

准噶尔盆地油气田经过 60 多年的发展，围绕准噶尔盆地西北缘、腹部、东部及南缘四个区域，建成了较为完整的油、气、水、储运等地面生产系统。

1. 原油集输与处理系统

已建井口装置 35 383 套、计量站 1777 座、转油站 533 座、集油管线 8404 km。已建原油处理站 28 座，其中稀油处理站 18 座，稠油处理站 10 座。

2. 天然气集输与处理系统

已建井口装置 257 套、集气站 13 座、增压站 6 座、集气管线 683 km。已建天然气处理站 16 座，其中伴生气处理站 9 座，气田气处理站 7 座。

3. 水处理与注入系统

水处理系统：已建稀油采出水处理站 16 座，稠油采出水处理站 6 座，气田水处理站 1 座，外排水处理站 5 座。

2.2.2 油气生产物联网现状

1. 建设背景

中国石油天然气股份有限公司（以下简称"中国石油"）为加快业务领域信息化建设，全面提升企业整体管理水平，在"十二五"和"十三五"期间开展了"油气生产物联网系统（A11）"建设项目，对新油气田物联网建设和老油气田物联网改造起到了统一标准、规范数据、示范引路的作用，有效地提升了油气生产物联网建设及管理水平，在实现油气田生产方式变革、组织结构优化、管理流程优化、生产效率提升、运营成本降低等方面取得了良好的效果。

按照集团公司信息化建设的规划和"一个整体、两个层次"要求，勘探与生产分公司制定了勘探与生产信息化顶层设计，确定了上游"一朵云、一个湖、一个平台，一个门户"的建设原则，规划了油气生产物联网系统建设计划，"十三五"末期开展大庆、辽河、新疆等 12 家油气生产单位油气生产物联网系统建设，井、站物联网覆盖率分别达到 71%、65%；到"十四五"结束，基本实现油气田物联网全覆盖，井、站物联网覆盖率达到100%；同时，要求加快物联网系统的云化集成，实现共享和智能应用。

2. 建设功能

油气生产物联网系统总体功能需求主要包括油井、气井、注水井、水源井、计量站、配水站、混输泵站、集气站、联合站、天然气处理站等井、站场的数据自动采集和控制、数据传输网络、生产监控系统及井、站视频监控系统等建设内容。

通过在井场、站场等现场安装数据自动采集监控仪表（装置）、视频监控设备及自动化控制设备（系统），实时采集各项生产数据和工业视频信号；通过建设将采集的数据、信号传输到后方的生产调度指挥中心进行集中监控，综合分析与处理，提供生产指挥决策支持，达到生产操作自动化、生产运行可视化、管理决策系统化的目的。总体应用功能需求可概括为以下几个方面：

（1）运行参数自动采集：实现油气地面生产各环节相关业务的生产数据采集。

（2）生产过程监测：实现油井监测、气井监测、注水井监测、站场信息展示、集输管网信息展示、供水管网信息展示、注水管网信息展示功能，实现对涉及的生产对象基础数据和历史数据查询和实时监测。

（3）远程控制：综合考虑生产需求、管理需求和安全需求，选择实现抽油机井远程启停、螺杆泵井远程控制、气井远程关断、注水自动调节控制、自动倒井计量控制等。

（4）生产环境自动监测：实现可燃气体、有毒有害气体浓度等信息的采集和展示等。

（5）生产分析与故障诊断：实现产量计量、参数敏感性分析、工况诊断预警功能。

（6）报表生成与管理：实现生产数据报表模板管理，实现对生产数据报表、物联网设备故障报表等的自动生成。

（7）物联设备管理：实现物联网设备的标识，位置、工作状态等信息的采集与监视，实现物联设备信息检索、设备故障管理和物联设备维护功能。

（8）辅助分析与决策支持：实现油气生产物联网汇总信息展示。

（9）数据管理：实现数据集成管理功能。

（10）系统管理：实现预警配置管理、用户权限管理、系统日志管理功能。

从总体架构功能角度划分共有3个子系统需求：数据采集与监控子系统、数据传输子系统、生产管理子系统。

2.2.3　地面工程面临的形势

1. 地面工程要进一步适应开发业务多样化要求

油气田开发是一项对象复杂、技术含量高、需多专业多部门协作的系统工程。油气田类型多样化，既有常规中、高渗油气田，又有低渗透、碳酸盐岩和致密油气田，还有煤层气、页岩气田；油气物性复杂，既有普通性质油气田，又有稠油油气田，还有凝析气田、高含 HS 气田、高含 CO 气田。不同油气田以及不同开发阶段使其开发方式多样化，有天然能量开发，有补充地层能量开发；有水驱、蒸汽驱、CO 驱、火驱、化学驱开发。加之油气田分布零散，所处地区自然地理环境复杂，经济状况和人文环境各异。因此，准噶尔盆地油气田地面工程需研发新的开发生产工艺技术，改变传统建设模式，创新生产管理方式，以面对和适应多样化的开发环境和复杂的开发特点给地面工程建设带来的新挑战。

2. 地面工程规划方案要进一步优化

近些年，准噶尔盆地低丰度、低渗透、稠油、碳酸盐岩油气藏比例日益增加，未来发现的油气资源劣质化将更加严重，单井产量低、产量递减快、地面集输处理工作量大，建设投资高、效益差。老油气田处于"双高"开发阶段，综合含水率高达 85% 以上；设施老化，运行能耗高，生产成本高。随着社会的发展，国家能源和水资源消耗以及建设用地等总量和强度双控政策的实施，油气田用能、用水、用地将受到一定的限制，费用也必将逐年上升。为进一步实现油气田开发降本增效的目标，需要进一步优化地面工程规划方案。

3. 地面工程科技创新工作要进一步加强

现有的地面配套工艺技术不能完全适应低品位油气藏高效开发以及老油气田开发方式转换的要求，需要进一步完善先进高效、节能环保的工艺技术体系。目前存在着设计和科研结合不够紧密的问题，既不利于以工程需求为导向有针对性地提出科研课题，更不利于通过设计将科研成果顺利转化推广。在油气田地面瓶颈技术攻关方面研究不够，以至于原始创新、集成创新、引进消化吸收再创新成果和具有国际先进水平的核心技术不多。低成本数字化油气田建设技术和模式尚不成熟，尚不能全面适应生产流程、劳动组织方式和生产方式优化、安全环保水平和开发效益提升的要求。因此，地面工程要进一步强化技术攻关和科技创新，以适应开发形势变化的要求。

4. 地面工程标准化设计工作要持续开展

部分项目仍然存在文件压缩深度达不到相关规定要求、方案优化简化还不到位的问题。地面工程标准化设计推广应用水平有待进一步提高，主要是对油气田地面工程共性提炼不足，难以形成标准化成果；标准化成果系列化不完善，导致标准化成果覆盖面不够、适应性和先进性不足，影响了标准化成果的应用效果。因此，在标准化设计工作常态化的新形势下，要进一步完善标准化设计成果系列，扩大其应用范围。

5. 地面工程要进一步适应国家新安全环保法要求

安全发展、绿色发展已被国家确立为国策，"安全第一、环保优先、质量至上、以人为本"已成为公认的发展理念。国家颁布的《中华人民共和国安全生产法》和《中华人民共和国环境保护法》，设定了安全环保红线、明确了工作定位，强化了主体责任、监管措施、行政审批制度和法律责任，加大了对违法行为的惩处力度。上游业务油气田的分布往往点多面广，部分油气水井、站场、管线处于人口稠密区、工矿企业区和环境敏感地区，以往的项目建设程序和节奏，设计、施工质量，生产过程的"二废"处理标准和处置方式适应不了国家新的安全、环保要求。因此，地面工程需要研发新的工艺技术和新的运营模式，以适应国家日益严格的环保要求。

2.3 准噶尔盆地地面工程数字化转型的必要性

2.3.1 油气田地面工程系统体系

油气田地面工程是实现油气田企业正常生产的基础，包括道路及基地建设、原油集输、天然气集输、给排水系统、污水处理、注水、电力、通信、消防等。地面工程系统性强、配套程度高，常常涉及大范围（规模）的施工建设和巨额的资金投入。

2.3.2 油气田地面工程基础数据类型

油气田地面工程涉及众多的单位和使用者，相关数据类型众多，涉及井、站、库、管道、电力通信线、居民点、各种建筑物、工厂等方面的空间数据、属性数据、统计数据，这些数据可以分类归属原油集输系统、气集输系统、注水系统、给配水系统、污水系统、道路系统、电力系统等几大系统，各大系统相互关联、相互影响、交叉运行，因此油气田地面工程信息化是一个复杂的大系统。表 2-1 列出了地面工程典型基础数据类型。

表 2-1　地面工程基础数据类型

序号	基础数据类型	序号	基础数据类型
一	原油集输系统	5	转油站基础信息
1	油井基础信息	6	转油站设备信息
2	油井设备信息	7	脱水站基础信息
3	计量间基础信息	8	脱水站设备信息
4	计量间设备信息	9	油库基础信息

序号	基础数据类型	序号	基础数据类型
10	油库设备信息	29	排涝站设备信息
二	气集输系统	30	给排水管道基础信息
11	集气站基础信息	五	污水处理系统
12	集气站设备信息	31	污水站基础信息
13	压气站基础信息	32	污水站设备信息
14	压气站设备信息	33	处理站基础信息
15	处理厂基础信息	34	处理站设备信息
16	处理厂设备信息	35	污水管道基础信息
17	气井基础信息	36	民用污水站基础信息
18	气井设备信息	六	电力系统
19	注气站基础信息	37	变电所基础信息
20	注气站设备信息	38	变电所设备信息
三	注水系统	39	配电所基础信息
21	注入井设备信息	40	配电所设备信息
22	注入站基础信息	41	高压用户负荷信息
23	注入站设备信息	42	低压用户负荷信息
24	注水井设备信息	43	配电线路信息
四	给排水系统	44	线路关联信息
25	一级泵房基础信息	七	道路系统
26	一级泵房设备信息	45	道路基础信息
27	脱氧站基础信息	46	涵洞基础信息
28	排涝站基础信息	47	桥梁基础信息

2.3.3　油气田地面工程数字化必要性分析

油气田地面工程数字化对于油气田提升管理水平，提高生产经营效率有着显著的建设意义和建设价值。

1.地面工程数字化的建设意义

作为油气田生产的基础和前提，油气田地面工程的开展有着至关重要的意义，因为油气田地面工程的管理是一项难度较高的工作，依靠传统管理思想和管理技术未必会取得良好的效果，所以油气田企业应积极引入信息化管理技术，将油气田地面工程的组成结构和全体资源进行数字化处理并直观呈现出来，有助于管理人员动态追踪工程的信息，把握油气田工作的实施状况，实时调整资源的使用和工作的策略，致力于提高资源的利用率和油气田工作的效率，给油气田企业创造更多的社会效益和经济效益。

2. 地面工程数字化的建设价值

（1）社会价值。人们对油气田的认识主要源自于油气田的产品和服务，优质的产品和服务更易于得到消费者的青睐，而油气田地面工程的信息化管理有助于油产品和服务的优化，促使油气田的社会职能得到强化，创建了良好的品牌效应，让更多的人能够认识到油气田企业，油气田企业因而可以获得更加广阔的发展空间，企业规模得以不断地扩大，市场竞争力有了大幅度的提升，给油气田企业带来的社会效益十分显著。

（2）环境价值。油气田生产会对生态环境产生一定的污染和破坏，甚至会威胁到工作人员的人身安全，需要经常清理垃圾和污染物质，将对环境的负面影响降到最低，以维持生态系统的平衡。通过信息化管理来了解油气田生产中生成的污水量和垃圾量，采取适当的处理措施消除污染，给工作人员创建安全的作业环境，既可以遏制环境问题的发生，又能够激发工作人员的工作积极性。

（3）经济价值。经济效益的最大化是油气田生产的根本目标，很多油气田企业对油气田地面工程管理的理解过于浅显，没有注重信息化建设，导致管理流于形式，不能发挥其应有的作用。实际上，信息化建设虽然在前期投入的成本较大，但是一旦开始使用就会给企业带来多种好处，最为明显的就是管理水平的提高能够对油气田生产效率的提升起到积极的促进作用，使得油气田企业的经济效益获得持续的增长，企业的发展前景也会一片光明。

2.4 准噶尔盆地地面工程数字化转型的可行性

2.4.1 转型之路

进入 21 世纪以后，我国经济取得了飞跃性的发展，石油、石化、化工等工业的发展水平也突飞猛进；各种智能设备的出现，已经使得自动化技术、通信网络技术、物联网技术在石油行业取得了成功的应用，改进了油气田地面建设工程的生产管理面貌。比如，目前中国石油油气水井生产数据管理系统 A2 在数据自动采集、存储管理取得了很好的效果，虽然准噶尔盆地油气田地面建设工程大部分已经实现了数据自动采集、远程监控、生产预警，但是从工程的全生命周期来看，未能实现项目前期的三维协同、生产过程管理、大屏展示、项目管理、数字化移交、运维等有效紧密的结合。

通过建设准噶尔盆地油气田地面工程数字化管理平台，可以打破传统基建期、运维期各组织、各专业信息平台孤立的局面，为地面建设、油气运输及勘探开发等方面做好数据共享的准备，通过应用先进的互联网、物联网、大数据以及云计算等技术，整合油气田地面建设资源、优化油气田地面建设业务流程和信息，为工程建设管理人员提供及时、有效的数据，使油气田地面建设工程更加有效、规范、迅速和系统，同时通过数字化移交为生产单位的各种生产系统（例如，生产运维系统、管道完整性管理系统）提供基础数据，提高运维效率及生产安全，真正实现数据的全生命周期流转和使用。

2.4.2 转型之痛

油气田装置建设运营全生命周期过程中，各种文件已经开始形成，需要人员不断地收集整理。在这个过程中难免会出现文档丢失、损坏等情况，这给项目后期归档、查找依据等带来了很大麻烦。因此，准噶尔盆地油气田地面建设工程急需一个从前期的立项就开始介入的大平台，来管理各个参与方在项目中涉及的重要文档、流程审批、三维协同意见、三维模型属性、项目重要通告、项目信息大屏展示、项目进度等，从而贯穿建设运营的全生命周期，方便前期的流程报审、流程审批、项目管理、标准化数字化移交以及后期的查阅、归档、运维等。

准噶尔盆地油气田数字化以及智能化主要针对油气田在生产过程中的管理（如实时数据、物联网）。由于地面建设工程的周期相对较短，参与方多，却并没有成为信息建设的重点。油气田地面建设工程数字化管理面临如下挑战：

（1）多单位参与造成采集数据不一致的问题。同一个数据多个部门通过多个渠道采集，导致数据不一致，也产生了基于这些信息的决策难的问题。

（2）数据共享难的问题。不同的组织和部门因利益或体制问题，数据共享难。缺少统一的环境给大家提供数据共享服务；缺少系统配置变更管理，造成数据的维护和发布难以协调的问题。

（3）技术力量分散造成数据安全隐患。计算机软硬件设备都是分专业配置，不同专业之间的软硬件资源不共享。分专业建设都需要配置相应的技术支持队伍，维护成本高；同时，基层业务部门技术支持力量不足、技术支持人员培训不足，难以胜任大型系统的维护。数据安全除了是一个技术问题，还是一个管理问题。

（4）业务全生命周期管理与协同处于起步阶段。挖掘大数据辅助专业决策和企业总体决策能力不足，支撑油气田公司管理体制机制建立的支撑还需加强，需要充分研究和利用物联网、云计算、大数据、"互联网＋"等新技术、新理念，提升信息化应用和服务水平。

2.4.3　可行性分析

地面工程数字化牵涉面广，涉及内容多，有必要从建设目标、建设效益、风险与对策等方面进行可行性分析。

1. 建设目标

准噶尔盆地地面工程数字化转型的预期目标有 4 点：

（1）实现准噶尔盆地油气田地面工程项目各阶段管理业务流程的最优化和科学化，有效提高工作效率，降低成本。

（2）实现准噶尔盆地油气田地面工程基础数据采集自动化、业务数据信息传递网络化，提高数据的及时性、完整性和准确性，为领导决策提供有力的数据支持。

（3）实现准噶尔盆地油气田地面工程基础数据的采集和整合，提高数据的利用价值，减少由于数据无法利用而导致的无效成本。

（4）实现准噶尔盆地油气田地面工程的数字化运维，加强运维安全管理，提高运维效率，提高设备寿命。

2. 建设效益

通过建设准噶尔盆地油气田地面工程数字化管理平台，打破传统基建期各组织、各专业信息平台孤立的局面，为地面建设、油气运输以及勘探开发等方面做好数据共享的准备，通过应用先进的互联网、物联网、大数据以及云计算等技术，整合油气田地面建设资源、优化油气田地面建设业务流程和信息，为工程建设管理人员提供及时、有效的数据，使油气田地面建设工程更加有效、规范、迅速和系统，同时通过数字化移交为生产单位的各种生产系统（如管道完整性管理系统）提供基础数据，真正实现数据的全生命周期流转和使用。数字化管理平台的应用将带来如下效益：

（1）提高管理效率和安全环保监管水平。数字化管理平台以基本的地面工程项目管理为基本管理单元，将项目实施过程中的所有阶段进行了监督管理，同时完成了关于项目进度、环境影响管理、项目安全生产管理的综合性管理。

（2）提高劳动效率，降低管理强度。实施数字化管理平台以前，所有的地面建设项目都需要有专人进行监督管理，每天会有众多的管理人员往返于各个地面建设项目现场采集数据、制订计划。而数字化管理平台的应用大大减轻了管理强度，能够即时采集数字、远程采集数据，使生产管理强度大大减轻，同时又提高了管理工作的效率。

（3）降低人员管理成本。传统的管理模式中存在管理机构多、办公费用高、人工费用高、资料人工录入等缺陷。准噶尔盆地油气田的地域分布广、环境恶劣、各个项目之间的距离比较长，仅凭管理人员难以实现有效的监控，反而增加了人力的投入。实现数字化管理后，管理人员能够实时在线监控各个项目实时的进度和状况，并通过这些数据进行生产管理分析工作，大大降低了人员的投入。

（4）节约成本。地面项目数字化管理平台能够提供的实时信息，为管理者制定管理目标提供了帮助，避免在项目管理工作中出现大的管理问题和项目实施错误。建设数字化管理平台，能够有效管理查询设备设施和管线的各类型信息，能够对巡检、点检、润滑、报缺、大中小修、物料及备品备件等业务开展精细化管理。通过精准的周期性维修保养策略，尽量降低设备的故障率、减少停机时间、降低物料消耗。

（5）信息共享。信息化建设已成为现代各类企业的共识，实施数字化建设不仅加快了信息化建设的步伐，同时也为油气田的进一步发展指明了方向。通过数字化的应用，传统产业链的管理水平得以大幅提升，促进了员工对各种信息资源的共享。

通过建设油气田地面工程数字化管理平台，可实现如下社会效益：

（1）开创油气田地面工程建设数字化的先河，是油气田及相关产业在"两化融合"方面的重要实践，为以后的地面工程建设树立良好的榜样。

（2）契合国家积极鼓励发展的产业方向，可促进油气田产业结构升级，与我国可持续发展战略相统一。

3. 风险与对策

在地面工程数字化管理平台的建设实施过程中，可能会面临各种各样的风险。原则上，可以将所有的风险归纳为非技术风险和技术风险两大类。

1）非技术风险及对策建议

可能给项目建设带来的非技术风险及对策建议如表 2-2 所示。

表 2-2　非技术风险及对策建议

风险类型	可能出现的主要风险	对策建议
业务管理风险	• 数字化管理平台框架和业务体系的完善对加快数字化管理平台的建设和应用产生巨大的推动作用 • 高层领导的充分支持和参与 • 业务流程规范和改进以支持和优化数字化管理平台	• 在项目实施同时，培养和训练一批系统运行维护人员，以保证系统投产后正常的运行维护工作能够开展 • 同时制定系统升级原则和计划，定期了解业务需求，考察系统功能与业务需求之间的差距，制订系统升级计划，以保证系统长期优质地为业务服务
组织结构风险	• 随着油气田自身业务的不断发展和外部环境的变化，地面建设工程项目的组织结构将随之调整	• 在系统设计中按角色设定功能，以便在组织结构发生变更时，把各个角色的功能进行重新组合，尽量减少组织变更对系统的影响

风险类型	可能出现的主要风险	对策建议
业务流程风险	• 随着油气田地面建设工程信息化系统的建设，业务流程可能会进行优化改进以适应未来的业务需要	• 寻求管理层的支持和业务专家的参与，通过数字化管理平台的建设，推动业务流程的规范化工作 • 尽量选用可以灵活配置的软件包来搭建数字化管理平台的部分功能，以提高系统对流程变更的应变能力
人力资源风险	• 缺乏既能深入理解地面建设工程项目又具备 IT 项目实施和管理经验的项目管理人员 • 实施和开发关键人员的流失	• 建立规范的流程和文档管理，尽量规避人员变动可能对项目造成的影响 • 加强培训，建立内部知识管理的体系，促进知识共享和知识转移 • 注意后备人才的培养
项目管理风险	• 建设实施的范围不恰当 • 建设实施中所需的资源不能迅速到位 • 项目方法论不能得到贯彻	• 利用成型的方法论指导项目实施 • 定期对项目进行审核 • 项目之间加强信息交流 • 在项目的每个关键里程碑时间点上总结经验和教训
变革风险	• 要求企业进行一定的变革，包括流程和数据的规范 • 在建设实施过程中会采用软件包，需要进行相关流程规范和软件化、客户化相结合的工作，会对业务操作带来改变	• 必须充分认识并分析数字化管理平台实施可能带来的变革，必要时引入相关的管理部门共同设计变革方案，实施转变计划

2）技术风险及对策建议

可能给数字化管理平台建设项目带来的技术风险及对策建议如表 2-3 所示。

表 2-3　技术风险及对策建议

风险类型	可能出现的主要风险	对策建议
应用系统风险	• 内部使用的统建系统，例如 ERP 系统，没有对外的接口，将影响数字化管理平台中的信息效率，甚至影响数字化管理平台的应用 • 如果不能明确界定数字化管理平台与其他业务信息系统的系统边界和接口，可能会影响和破坏 IT 整体规划	• 在目前的信息技术条件下，应仔细挑选和平衡数字化管理平台建设的领域和控制建设速度，并制定相应的过渡方案，然后有步骤、有计划地组织实施和推广 • 尽量采用可以灵活配置和支持二次开发的软件包，通过系统配置和适量的二次开发满足业务需求；对必须通过开发实现的需求，严格控制开发范围 • 在其他应用系统，尤其是统建系统未提供接口之前，数字化管理平台应当预留相应的接口。在其他应用上线前，通过手工录入的界面获得相应信息；在其他应用就绪时，实施应用系统的集成

续表

风险类型	可能出现的主要风险	对策建议
数据风险	• 数字化管理平台中的数据涉及面广，在各个管理层次和业务内容之间信息标准有差异 • 数据口径不一致，数据质量缺乏保障	• 数字化管理平台项目将建立和推行相关流程及制度，以保障数据的规范性与质量 • 由业务部门负责数据标准与数据维护，尽快建立数据标准维护、基础数据维护、数据质量管理的流程与规范
基础设施风险	• 信息基础架构的不足，尤其是站级自动化设备和网络基础设施的不足，可能影响数据的自动采集、及时传送和汇总 • 信息传输的安全性有待提高	• 在 IT 基础设施的整体规划下，进一步加强信息技术基础架构建设 • 加强对地面站场自动化设备的投资，作为系统上线的准备条件 • 合理分布和平衡数字化管理平台信息数据的交换频度和时机

通过上述分析可以看出：准噶尔盆地地面工程数字化转型完全具备可行性，经济效益与社会效益明显。

3

准噶尔盆地地面工程
数字化转型的技术支撑

地面工程数字化转型必须有必要的技术支撑，结合准噶尔盆地的地面工程实际情况，技术支撑主要包括标准体系与安全体系。

3.1 数字化转型适用的标准

3.1.1 数字化标准

近年来，我国围绕加快新型基础设施建设、推动行业数字化转型等方面做了大量工作，取得了积极成效，但数字化转型配套标准体系建设仍处于持续完善阶段。相关部委提出：一方面，针对数字化转型需求企业，通过相关成熟度模型帮助其了解自身数字化发展程度，找出短板和弱项，明确未来发展方向；另一方面，通过促进相关标准落地，对数字化转型供给企业的服务能力进行客观评价，引导其不断提升数字化转型服务的质量与可信度，构建公平规范的市场秩序，促进行业健康发展。

实际上，在数字化转型过程中，推进产业数字化，打造数字产业集群，企业数字化将发挥"主力军"作用，产业数字化聚焦的是传统产业的核心生产场景，提高的是整个产业的竞争力和经济水平，产业数字化需要依靠企业实现。

有专家指出，要科学评价企业数字化成熟度，以及其在数字化转型过程中面临的痛点和问题。根据企业类型、规模和 IT 单元等，分别制定面向 IT 平台和 IT 业务的 5 类成熟度，可以将其云智平台化、能力组件化、数据价值化、运营体系化、管理精益化和风控横贯化能力进行量化，衡量智能敏捷、效益提升、业务创新、质量保障、风控最优和客户满意等几项价值。基于这样的评价体系，企业可对其数字化转型成熟度进行评价，在提升平台能力完备性、补足能力组件、节省 IT 数字化建设周期、提升业务效率等方面持续发力。

在数据治理领域，实行 DCMM 标准，存在 5 个层级：初始级、受管理级、稳健级、量化管理级和优化级，如图 3-1 所示。

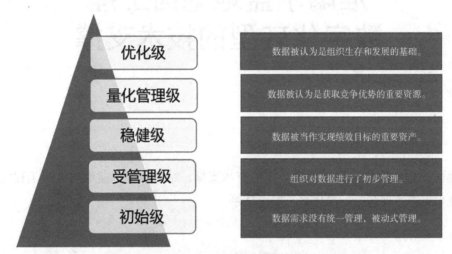

图 3-1　数据治理层级

我国作为数字化转型先锋，也形成了自由的企业数字基础设施云管理和服务运营能力成熟度模型（IOMM），模型分为 5 个阶段：基础保障类、业务支撑类、平台服务类、客户运营类和创新引领类（图 3-2）。

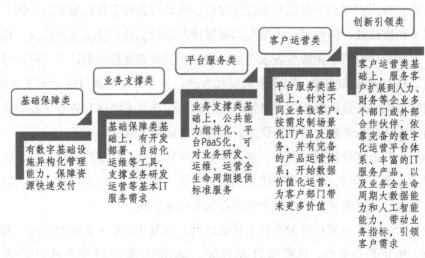

图 3-2　IOMM 层级

这 5 个层级适用于数字化转型过程中，相关管理人员理解新型数字基础设施在企业数字化转型中的作用，明确数字基础设施云管理和信息服务运营能力的范畴，明确自身能力水平并谋划未来发展方向。

3.1.2 数字化标准应用情况

数字化转型是企业结构调整、加速新旧动能转换、实现高质量发展的必然选择，应用现有的数字化标准，企业可聚焦产业的核心场景，提高产业竞争力和经济水平。应用过程中要做好信息系统建设升级。

企业信息系统建设升级一般会经历电子化、信息化、数字化 3 个阶段。①电子化为初级阶段，即企业构建单一部门应用的信息系统，将线下事务向线上迁移，运营数据"从无到有"；②信息化为稳定过渡阶段，以各部门信息系统集成支撑业务集中化、标准化、规范化，运营数据"从有到通"；③数字化为高级阶段，以企业数据驱动业务精准重塑，依托人工智能、大数据、中台建设等技术支撑，助力企业发掘运营管理、生存发展的最优解决方案，发挥"数据资产"价值。

油气田地面工程管理的信息化建设可以说是一项非常紧迫的工作，从当前我国油气田的信息化管理现状来看有许多值得借鉴的地方，具有代表性的有胜利油气田地面工程信息管理系统和新疆油田油气田的数字油气田系统。下面将以此为例阐述油气田地面工程管理信息化建设中需要注意的一些问题。

胜利油气田地面工程信息管理系统始建于 20 世纪 90 年代，经过了多年的发展，该管理系统已经比较成熟，实现了对整个油气田的全面覆盖，能够对水、电的供应管路以及天然气运输管道进行细致的管理，第一时间获取各个区的生产情况，以便于资源的重新分配。与此同时，胜利油气田地面工程信息管理系统还能够对油气田的各个设备、管道和线路进行可视化管理，在油气田生产设备和设施出现异常时发出警报，提醒工作人员予以解决。

与之相比，新疆油田油气田的数字油气田系统更具有先进性和有效性，该系统是在 MapInfo 系统的基础上进行的深度研发，在油气田地质环境信息的反馈上更具有真实性，为油田生产提供了可靠的依据。新疆油田油气田的数字油气田系统包含了 3 个子系统，分别是油气田地面管网系统、供电系统、通信系统。油气田地面管网系统能够对石油、天然气、污水处理系统和给水管网进行管理，优化管网功能，提高管网运行的效率。供电系统的管理则涵盖了对供电和变电设备及线路的更新，确保供变电设备始终处于良好的运行状态，尽可能地减少电力安全事故的发生。通信系统中网络线路和通信设备都在不断加以改良，给信息传输提供了巨大的便利，使得整个油气田都在通信网络的覆盖之下。除此之外，通过对油气田道路、计量站、加油站、油气处理站的设计和布置，从而使它们能够实现最优搭配，并且能够把数据和矢量地图有机结合起来，强化了对油井生产注水管理系统和注水量的统计分析功能。

3.2　地面工程建设数字化发展趋势

3.2.1　地面工程数字化概念

习近平总书记强调：能源安全是关系国家经济社会发展的全局性、战略性问题，对国家繁荣发展、人民生活改善、社会长治久安至关重要。从长远看，当今世界正经历百年未有之大变局，一些国家逆全球化思潮兴起，保护主义、单边主义抬头，地缘政治风险加剧，国际能源市场剧烈波动。实现"两个一百年"奋斗目标、全面建成社会主义现代化强国，必须贯彻落实"四个革命、一个合作"能源安全新战略。

为适应数字化、智能化发展，各国提出了不同解决方案，但核心均在于工业化和信息化的融合。《德国 2020 高技术战略》中，提出工业 4.0 时，即是以信息物理系统 CPS为基础，建设智能工厂、智能制造。

我国同样重视制造业的数字化发展。2015 年 5 月国务院正式印发的《中国制造2025》提出了 9 项战略任务和重点，8 个方面的战略支撑和保障，核心是工业化和信息化的融合。2016 年 2 月，国家发展和改革委员会、国家能源局、工业和信息化部联合印发了《关于推进"互联网＋"智慧能源发展的指导意见》。

在保证国家能源战略安全背景下，国内油气勘探开发力度不断加大，油气田地面工程不断增加，对进度、费用、质量、安全以及运营风险方面都提出了更高的要求。为此，随着信息化技术的发展，数字化、智能化为这些挑战提供了有效的解决方案。

3.2.2　地面工程数字化主要内容

根据数据库建设目标以及油气田地面工程各系统及属性的分类，采集下列数据并建库是适宜的：

（1）油、气、水井的空间位置及有关属性数据。

（2）原油处理站、天然气站、转油站、注水站、供热站的内部罐体、装置及各类构筑物空间位置及有关属性数据。

（3）各种站、库外墙及内部建筑物的空间位置及名称。

（4）油气田的室外油、气集输及注水（汽、气）和供排水等管网空间数据及有关属性数据。

（5）油气田的室外电力网、通信网的空间位置及有关属性数据。

（6）油气田道路的空间位置及有关属性数据。

（7）各种站、库建筑物内部设备的工艺流程及相关说明性文档。

此外，油气田地面工程的勘察、设计、施工、竣工过程中同样将产生大量的数据、图形资料及文档，可以在油气田地面工程数字化中利用的资料主要有：

（1）勘察与初步设计阶段的控制测量及地形测量资料。

（2）施工图设计资料：主要指设计部门提供的施工图设计阶段的平面布置图、工艺流程图、材料表等。按设计单位的生产习惯，这些资料通常可以提供电子文档，主要格式为 dwg 或 dxf 的线划图及 Word 文件。

（3）施工资料，包括施工测量资料，施工中的设计变更资料。

（4）竣工测量资料。

3.2.3 地面工程数字化难点与策略

随着经济全球化的高速发展，我国经济增长速度十分迅速，推动了社会各行各业的经济发展，然而随着社会生产实践对能源的需求量和消耗量呈不断增长趋势，尤其是高能耗工业和汽车行业的发展，需要大量的能源，加强油气田开发具有重要意义。

地面工程数字化的难点主要体现在以下几个方面：

（1）数据获取难。数据源端获取存在局限。部分数据源头仅考虑本部门自身管理要求，数据类型、准确性、时效性难以满足更高层级数据管理标准要求，无法适应跨部门应用需要。数据储存自动化手段应用不充分，大量数据无法在线获取，仍需通过人工进行维护，数据质量难以保证。

（2）数据融合难。数据标准存在专业壁垒。各专业业务管理逻辑不衔接，导致管理对象颗粒度不统一，主数据和交易记录的最小颗粒度不衔接，无法有效聚合，且管理视角不一致，各专业业务描述方式不统一。

（3）数据赋能难。能做到"获取数据"并不代表能够高效"利用数据"。若数据质量参差不齐，数据逻辑混乱模糊，数据管理应用受业务部门壁垒影响，则难以实现数据在企业内部的贯通应用。当前多数企业数据应用以加工指标为主，注重评价与考核，对业务动因的分析和业务关联性分析仍以经验为主；数据分析仍无法直接对经营决策提供可执行的建议。

数字化转型正是为了破局和迎战，实现现实世界与数字世界的融合、互动，在数字世界中模拟推演，促进战略落地，优化经营决策。零散、无关联的数据并不能称为资产，为深度释放数据资产价值，重构企业级数据标准是必经之路。数字化转型依托云计算、大数据及机器学习等前沿技术手段，以文化先行、组织赋能、人才支撑和机制牵引为助推力量，协助企业克服内外部发展阻力，促进企业管理提升。

企业业务部门和技术部门需要共建共享，通过梳理数据逻辑、构建数据地图、明确数据标准、打通数据链路、开展数据洞察和数据应用。以企业数据为中心，将功能应用服务化、组件化，支撑灵活变化的业务需求。基于数据融合构建价值网络，共创价值增长空间。

构建以"数据贯通与分享"为基础的管理体系，以适宜的 IT 架构基础为依托，实现企业运营数据自动获取并广泛分享，基于数据理解业务实质，洞察价值创造过程，开展业务决策和敏捷行动，驱动业务创新和精益管理，实现管理"蜕变"。

3.3　标准体系

标准体系的建设解决各种系统间信息孤岛的基础，其包括数据字典、类库定义、采集规范、移交规范和接口规范 5 个部分。

3.3.1　数据字典

1. 对象分类标准

对象分类标准主要定义的是工厂的管理类库，统一各方对同一类对象的名称，明确类与类之间的相互关系，如父子关系。

2. 属性数据标准

属性数据标准规定的是所有对象类的属性，不同类型的对象属性不尽相同，子类能够继承父类的属性。

3.3.2　类库定义

1. 设备编码规定

设备编码规定主要用于工程建成后的资管、物管、经营管理等，是运维阶段数据长期有效积累的基础数据，其科学性、准确性非常重要。我国工程设计单位在设计过程中很少会考虑到运维阶段的需求，所涉及的模型中往往都不具备合格的运维编码。

2. 材料编码规定

油气田地面建设工程涉及的材料类别繁杂，数量众多，每种材料具有特定的性质，包括类别、制造工艺及标准、尺寸标准和材质等。如果不对材料进行编码仅靠材料描述来识别材料，会存在以下缺点：

（1）不方便统计和采购。由于工程师工作习惯的差别，对相同的材料可能写法不同，容易造成材料描述的二义性。

（2）没有通用性。文字描述所依照的标准大部分是行业标准，材料的一种描述如果换到另一个领域有可能不被认可，导致材料不能被正确识别。

（3）无法实现数据集成。文字描述从信息化角度来说无法作为关键字。

材料编码最主要的作用是解决计算机识别材料的问题，计算机系统只有先识别出材料是什么，才能进行后面的动作，比如检索、批处理或者计算等。编码的意义在于：一个规格的材料只能有一个编码，一个编码只能表示一种规格的材料，我们称之为材料编码标识材料的唯一性。

3.3.3 采集规范

1. 文件采集规范

文件采集规范主要定义的是要采集的文件格式，如 Word（*.docx）、PDF（*.pdf）、Excel（*.xlsx）等。

2. 数据采集规范

数据的采集通常有两种方式：自动采集和人工采集。自动采集可以通过物联网和 APP 进行数据采集，人工采集需要通过定义数据模板，然后由工作人员进行数据采集，此时需要对数据模板进行统一规定。

3. 模型采集规范

模型采集规范定义的是所采集模型的格式，如模型的 WLKX 格式（*.wlkx），可以识别转换常见的三维模型格式并进行轻量化处理，优化对硬件的要求，且数据不会丢失，有利于设计模型和数据向施工、运维的传递。

3.3.4 移交规范

1. 文件移交规范

文件移交规范主要定义需要移交哪些文件，比如：

（1）工程项目管理的文件数据划分为：检查报告、评估、材料表、计算书、纠正单、设计基础、设计变更通知、数据表、设备清单、现场变更通知、现场检查报告、表格、现场变更要求、总体设计、指南、岗位职责、清单、手册、材料申请/询价文件、陈述说明、不合格项报告、界面变更通知、检验报告、原则、计划、程序、政策、质量系统、报告/请示、决议、风险管理、操作规程、职责、进度计划、标准、草图、现场指令、规范、要求陈述、策略、工作范围、技术附件、技术澄清通知、技术查询、工作指令。

（2）设计技术图纸文件数据划分为：关系图、设备图、工艺流程图、轴视图、布置图、管道仪表流程图、一般图纸。

（3）监理过程文件数据划分为：监理报告、不合格项处置记录、备忘录、工程复工令、监理规划、工程开工令、监理工作联系单、监理单位工程质量评估报告、总监工程师任命书、监理工程师通知单、工程暂停令、HSE周例会、HSE周检、监理会议签到表、监理工地例会、监理通知单、内部会议、平行检验、旁站记录、监理日志、费用索赔审批表、监理巡检抽检记录、监理协调会议纪要、监理实施细则、监理月报、延期审批表、监理周报、工程款支付证书、监理工作总结、专题会议、设计图纸会审纪要、其他类文档。

（4）承包商过程文件数据划分：施工组织设计（方案）报审表、工程开工报审表、工程复工报审表、分包单位资格报审表、施工测量放线报验表、工程材料/构配件/设备报审表、报审、报验表、分部工程报验表、监理通知回复单、单位工程竣工验收报审表、工程款支付报审表、施工进度计划（调整计划）报审表、费用索赔报审表、工程临时/最终延期报审表、工程变更单、工程变更费用报审表、主要施工机械设备/计量设备报审表、工程质量事故报告单、工程质量事故处理方案报审表、分项工程报验单、工程计量报审表、工作联系单、工程联络单/工程联系单。

（5）施工安装过程文件数据划分：竣工资料、专项报告、简报、检查表、工序验收记录、停车方案、单机试车文件、紧急放行记录、项目执行计划、设备材料验收记录、评审记录、施工方案、专项技术方案、传真、工程技术要求、工程款申请文件、工程概况表、工程洽商记录、HSE例会、交接记录、会议签到表、合同、汇总一览表、检查记录、技术交底记录、交工验收记录证明、技术总结（施工总结）、周例会、信件、大事记、备忘录、不合格项记录、工程验收文件、分包商人员资质文件、问题处理记录、清单/表格、工程质量安全事故处理报告、日报、审查报告、施工机具文件清单、费用索赔申请文件、分包商企业资质文件、材料替代申请、声像材料、施工组织设计、标准、培训记录、安装作业记录、工作日志、工作建议、现场签证、月报、施工预、决算、工程延期申请文件、周报、质量管理例会、专题会议、质量证明文件、三周滚动计划、月计划、季计划、总计划。

2. 数据移交规范

数据移交规范主要定义要移交哪些数据，包括工程对象的工艺参数、物理参数等。也可按照通用属性和专用属性分类，如位号、等级、设计温度、设计压力等参数。针对每类工程对象，需要列出其主要属性参数。

3. 模型移交规范

模型移交规范主要定义要移交哪些模型及其建模深度，如项目有若干个子项目构成，每个子项目有各自独立的三维模型，要实现三维模型的"数字化交付"，需要先对各子项目三维模型进行整合，使其成为一个完整的整体交付业主。3D模型交付内容包括设备、管道、桥架、主电缆等工程对象，包含坐标、尺寸等物理属性和工艺操作参数等。实现工艺、设备、管道、结构、仪表、电气等专业工程对象的模型化和工程参数的关联及关联数据库。

4. P&ID 移交规范

P&ID移交规范定义的是P&ID图移交内容和格式要求，如图例符号、线型、颜色等。

3.3.5 接口规范

数据系统接口是完整性管理信息平台的可扩展性内容之一。在完整性管理平台建设过程中要考虑与各地区公司在建管道的接口预留，能与地区公司、地区公司各管道现有的监控与数据采集系统（SCADA）、生产运维管理系统（EAM）以及其他系统进行接口。具体要求如下：

（1）与监控与数据采集系统（SCADA）的接口要求：在保证SCADA系统的绝对安全的前提下，完整性数据管理系统应能从SCADA提供的接口（ODBC和API）中直接把数据写入完整性数据管理系统数据库，能从SCADA的历史数据库（Sybase）中读取完整性数据管理系统所需的数据到完整性数据管理系统数据库。

（2）与生产运维管理系统（EAM）的接口要求：在保证EAM系统绝对安全的前提下，能从EAM系统提供的接口中直接读取完整性数据管理系统所需数据（主要是设备数据和位置数据）到完整性数据管理系统数据库中。

（3）与其他系统的接口要求：本完整性数据管理系统应提供符合国际、国家、行业及企业标准的对外接口，如标准的数据库接口、API接口等。

（4）系统的升级及二次开发：系统应具有良好的开发性，方便升级和进一步开发。

（5）系统应有三维图形显示功能，能把管线、有关专业（如设备、电气通信等）的设备、沿线建筑物、水工、周边环境、管线设备的横截面及其他需要三维显示的事物用三维图像显示出来；图形的显示应具有鹰眼功能；图形的显示、放大、缩小和平移等有关操作。

系统接口应满足下列基本要求：

（1）接口应实现对外部系统的接入提供企业级的支持，在系统的高并发和大容量的基础上提供安全可靠的接入。

（2）提供完善的信息安全机制，以实现对信息的全面保护，保证系统的正常运行，应防止大量访问，以及大量占用资源的情况发生，保证系统的健康性。

（3）提供有效的系统的可监控机制，使得接口的运行情况可监控，便于及时发现错误及排除故障。

（4）保证在充分利用系统资源的前提下，实现系统平滑的移植和扩展，同时在系统并发增加时提供系统资源的动态扩展，以保证系统的稳定性。

（5）在进行扩容、新业务扩展时，应能提供快速、方便和准确的实现方式。

3.4 安全体系

安全体系建设提供系统安全平稳运行的保障，包括物理安全、网络安全、系统安全、应用安全与安全管理5个部分。

3.4.1 物理安全

1. 设备可靠性设计

信息化系统应考虑设备可靠性设计问题，系统关键设备服务器应考虑避免单点故障问题。建议服务器系统采用双机加磁盘柜模式。应用系统与数据库分别安装在两台服务器上，其中一台作为应用系统生产机，另一台作为数据库生产机。两台服务器均连接磁盘柜，应用系统生产机为数据库系统提供备份支持，数据库生产机为应用系统提供备份支持，两台互为备份，以提高系统的可靠性。

2. 备份恢复系统

信息化系统应建立有效的备份恢复系统，确保在系统出现故障的情况下能够重建恢复到出现故障前的状态。

3.4.2　网络安全

1. 防病毒系统

网络防病毒系统用于预防病毒在信息化系统所在安全域内传播、感染和发作。后续项目利用网络防病毒系统防范病毒入侵和传播。

2. 监控检测系统

监控检测系统用于及时发现操作系统、数据库系统、应用系统以及网络协议安全漏洞，防止安全漏洞引起的安全隐患。同时保护信息化系统不受侵害。后续项目利用漏洞扫描系统解决漏洞扫描问题，发现和修补安全漏洞，对各种入侵和破坏行为进行检测和预警，项目实施时统筹考虑。

3.4.3　系统安全

1. 身份认证系统

信息化系统用户采用实名制，建立统一的用户信息库，为系统提供身份认证服务，只有合法用户才能对信息化系统进行访问。基于分级保护的策略，身份认证系统支持用户名/口令认证方式，并支持CA数字证书认证方式。身份认证应实现以下具体功能：

（1）提供分级用户管理模式，可根据需要由系统管理授权二级管理员分别管理维护所辖区域的用户，以解决大量用户管理维护的问题。

（2）统一认证支持多种身份认证方式，支持用户名/口令与CA数字证书认证方式，在保证信息安全的前提下，满足不同用户对系统不同内容的访问需求。

（3）统一认证应能对用户信息、用户访问信息、业务安全保护等级等内容进行有效的管理与维护。

（4）统一认证应能够防止因大量用户访问可能造成的系统崩溃，它具有良好的响应性能，保证认证服务功能的可用性、可靠性。

2. 用户权限管理

可以为用户设置不同的访问权限，允许用户在权限范围内访问系统不同的功能模块。支持匿名访问。

信息化系统的授权管理采用集中授权、分级管理的工作模式，即通过系统管理员为二级系统管理员授权管理本机构用户权限的方式，实现分级授权管理。二级系统管理员管理本机构内的资源、角色定义、权限分配、权限认证等工作。

权限管理主要是由管理员进行资源分类配置、用户角色定义及授权等操作。采用基于角色的访问控制策略，能够对用户和角色进行灵活授权。在定义角色时，可以采用职称、职务、部门等多种形式，灵活反映各种业务模式的管理需求。

权限认证主要是根据用户身份进行权限判断，以决定该用户是否具有访问相应资源的权限。授权管理系统与统一认证相结合，为信息化系统提供方便、简单、可靠的授权服务，从而对用户进行整体的、有效的访问控制，保护系统资源不被非法或越权访问，防止信息泄露。

3. 信息访问控制

建立信息访问控制机制，对系统功能和数据进行分级管理。根据需要，不仅能够为合法用户分配不同级别的功能和数据的访问权限，而且能够对每一条信息设置不同的访问权限，用户登录后只能访问已授权的系统信息。

一般来说，信息系统的资源分为系统资源和业务资源两类。系统资源指系统菜单、功能模块、用户、角色等系统资源；业务资源是指相关的业务数据，如数据、文档等。通过与授权功能的结合，解决资源的访问控制。

严格地讲，信息访问控制是授权管理中的一部分。

3.4.4　应用安全

1. 系统日志与审计

当用户对资源进行操作时，系统会对用户进行认证，认证之后是权限检测，接着执行相应的操作。整个过程可以配置日志记录功能，比如认证日志、权限检测日志和操作日志。审计是系统管理员检查各种日志，发现安全隐患的过程，比如对同一个账号的多次认证企图可能是账号攻击，多次权限检测失败可能是某个账号企图访问非授权资源，操作日志可以查看每次操作的内容。

为了灵活性，系统日志可以由系统管理员配置，对于高可靠性的资源可以配置操作日志，对于高机密性的业务系统可以配置认证日志和权限检测日志。

对用户访问行为进行跟踪、记录，便于事前、事中、事后的安全管理，并为建立有效责任机制和监督机制奠定技术基础。

2. 数据完整性

数据完整性指对信息化系统中存储、传输的数据进行完整性保护。在系统设计与开发中要解决数据可靠存储的问题，在长距离数据传输中要充分考虑网络传输质量对数据完整性的影响，并采取必要的数据可靠性传输技术手段，确保数据的完整性。

3.4.5　安全管理

完整系统的安全管理体系，同样应包括安全管理组织、安全标准规范体系、安全管理制度、安全服务体系和安全管理手段。

（1）安全管理组织：形成一个统一领导、分工负责，能够有效管理整个系统安全工作的组织体系。

（2）安全标准规范体系：能够有效规范、指导信息化系统建设和运行维护的安全标准规范体系。

（3）安全管理制度：包括实体管理、网络安全管理、系统管理、信息管理、人员管理、密码管理、系统维修管理及奖惩等制度。

（4）安全服务体系：系统运行后的安全培训、安全咨询、安全评估、安全加固、紧急响应等安全服务。

（5）安全管理手段：利用先进成熟的安全管理技术，逐步建立系统的安全管理系统。

4

地面工程数字化平台设计

近年来，随着"数字油气田"的不断发展，数字技术正在越来越多地应用到油气田的每个角落中。在油气田地面建设工程领域，随着建设工程规模日益扩大，技术含量和项目管理的集成化、国际化程度越来越高，知识管理的重要性日益凸显。利用信息和信息处理技术建立地面工程信息资源的共享平台，将勘查、规划、设计、建设等相关组织进行整合，打破传统基建期各组织、各专业信息平台孤立的局面，为油气田的建设部门提供可视化的管理，为地面建设、油气运输以及勘探开发等方面做好数据的共享的准备，符合数字油气田和智能油气田的总体规划要求，可以为油气田的科学建设与发展提供可靠的决策依据。

具体来说，在油气田地面工程建设期，涉及的部门和组织包括：研究单位、设计单位、施工单位、监理单位、运营单位等。这些单位内部都有为了满足各自业务需求的软件系统，例如：某研究单位如工程技术研究院有技术研究协同系统，设计单位如中国石油（新疆）有三维集成设计系统，施工单位有基建 MIS、采购系统等。但这些系统都是相对比较独立的，并没有充分考虑下游单位对于数据的使用需求，从而导致下游单位需要重新补全数据带来的数据不一致性和增加工作量。因此，如何建立统一的数字化管理平台，打通这些系统之间的数据流转和业务流程，将成为一个油气田地面工程建设信息化的新课题。

油气田地面建设工程数字化管理平台是指：在先进的管理理念的指导下，形成一套完整、切合油气田地面建设工程实际业务的软件系统集成规划，通过应用先进的互联网、物联网、大数据以及云计算等技术，整合油气田地面建设资源、优化油气田地面建设业务流程和信息，为工程建设管理人员提供及时、有效的数据，为系统管理人员提供一个功能强大、操作方便的信息处理平台，使油气田地面工程更加有效、规范、迅速和系统，同时通过数字化移交为生产单位的各种生产系统（如管道完整性管理系统）提供基础数据，真正实现数据的全生命周期流转和使用。

4.1 现状分析

4.1.1 准噶尔盆地油气田信息系统分析

1. 概况

油气田的数字化转型主要针对油气田在生产过程中的数字化管理，例如实时数据、物联网、运维及其相关的管道完整性管理（表 4-1）。

表 4-1 准噶尔盆地油气田已建系统统计

系统名称	备注
采油与地面工程运行管理系统（A5）	人工录入，无导入功能，已接入 A2 的数据，服务器在大庆
勘探与生产系统 ERP（D2）	人工录入，无导入功能
工程造价管理信息系统	人工录入，无导入功能，需开发
中国石油档案管理系统（E6）	人工录入，有导入功能
中国石油档案管理系统（自研 3.0）	人工录入，有导入功能
工程技术协同研究平台	可开发
油气田三维地理信息系统	人工录入
合同管理平台	人工录入
地面工程管理系统（二维）	人工录入
中国石油物资采购管理信息系统（C1）	人工录入
中石油合同管理系统	人工录入
管道完整性管理系统（A9，长输）	人工录入
油气生产物联网系统（A11）	服务器在准噶尔盆地油气田

油气田虽然已上线运行 A5、A9、D2、C1、A11 等系统，已经具备数字化基础，但是仍然面临以下问题：

（1）目前油气田的网络环境主要采用油田公司内网，需要考虑如何在保证内网安全的情况下让外来单位参与到地面建设工程项目中来，以形成竞争态势，为油气田优选供应商提供网络基础。

（2）大量的建设工程项目中各种数据的录入和储存问题。鉴于我们的工程项目习惯和科学技术水平的发展限制，大部分油气田建设项目工程中的规划、资金、管理等信息均以纸质版的形式保存，没有完全实现数字化储存管理；或者即使进行了数字化储存，但是在实际应用中又不能做到提取使用的数字化。

（3）数字化信息采集成本过高。目前依靠人工进行输入采集，如管道完整性的基础数据，需要耗费大量人力、财力和物力。

（4）基建项目各参与方有的仍采用常规手段通过人工对项目进行管理，有的已采用管理系统对项目工作进行管理及数据采集，但是这些系统之间很多都是处于互相独立的状态，无法实现信息互通，数据都只能通过人工的方式从某个系统中或纸质文件上获取并录入上传到另一个系统。

（5）设备的基本情况由相应责任单位自发建立了部分设备台账信息记录，主要的记录手段为 Excel 文件记录，人工维护；Excel 文件台账记录的是主要设备，对于管线、焊缝焊点等信息缺失较多；文件型的手工台账，信息查询的便捷性、准确度很有限，无法提供现场信息查询支持；数据依赖文件易损毁和丢失，人工维护 Excel 文件容易出现人为错误，人员调岗后新人接手困难。

（6）各生产单位建立了设备定期巡检、点检、维修等管理制度，但相应的计划排布、任务指派以口头传到、自发的纸质记录为主，计划和作业任务执行对经验依赖严重，受人为因素影响较大，影响设备维护保养品质的稳定性。

（7）现场巡检、点检、维修等工作情况，依赖人为主观纸面记录，对于设备的现场情况、保养操作、维修变动记录不及时，容易错记、漏记。设备相关的部分信息每个月会批量录入进计算机，数据录入时间间隔长、人为因素影响大，容易导致计算机内数据与实际情况偏差较大而影响计算机辅助决策。

（8）集输管道无完整性管理系统及其基础数据库，采用人工方式采集数据到 Excel 表格，再进行完整性评价。

鉴于以上情况，建设统一的数字化管理平台是大势所趋。各参与方均希望能有一个统一的管理平台，实现项目建设期的项目综合管理、各参与方的项目协同，实现在项目建设过程中的数字化移交，以及后期的数字化运维和完整性管理。

2.组织机构与管理模式

常见油气田数字化转型主要部门及机构图如图 4-1 所示。

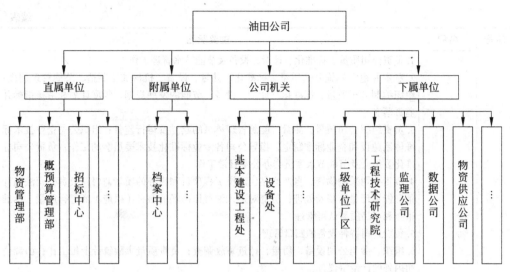

图 4-1　常见油气田组织机构图

相关部门的主要职能如表 4-2 所示。

表 4-2　组织机构与职能

序号	名称	主要职能
1	基本建设工程处	1. 负责组织制定地面工程规章制度、管理办法并监督执行 2. 负责组织油气田地面工程中长期发展规划、年度计划的编制和专业审查 3. 负责油气田集输、处理、注水、注汽、油气储运工艺技术管理和工艺运行监督管理 4. 负责油气田生产系统所辖管道和站场的完整性管理 5. 负责组织油气田地面工程项目（预）可行性研究、方案设计及初步设计的编制与审查，组织油气田地面工程专用设备与材料的技术选型审查，负责项目经理部批复、施工监理队伍资质专业审查、合同专业审查、开（停、复）工报告批复、现场监督管理、组织投产前联合检查、监督地面工程数据采集录入发布、竣工验收等 6. 负责组织抗震加固项目（预）可行性研究、方案设计及初步设计的编制与审查，参与公建工程项目前期技术审查，负责项目经理部批复、施工监理队伍资质专业审查、合同专业审查、开（停、复）工报告批复、现场监督管理、组织投产前联合检查、竣工验收等 7. 负责地面工程科研管理及"四新"技术的推广应用 8. 负责地面工程标准的专业管理 9. 负责地面工程技术服务合同及承包商资质的专业审查 10. 负责矿区建设工程管理 11. 负责地面工程设计专业管理 12. 负责地面工程信息管理 13. 负责地面工程监理业务指导 14. 负责资产报废的专业审查 15. 参与地面工程重大事故的调查和处理 16. 负责完成公司和上级部门安排布置的其他工作

序号	名称	主要职能
2	设备处	1. 负责公司质量、标准化、计量、设备及节能节水管理工作 2. 制定并组织实施公司质量、标准化、计量、设备、机械加工制造、节能管理制度；组织编制公司质量、标准化、计量、设备、节能的发展规划、年度计划和考核指标并监督落实 3. 负责组织公司质量、测量、能源管理体系的建立及运行监督；组织公司企业技术标准体系建设和企业标准制定，指导公司各专业标准化技术委员会的工作；负责公司标准化委员会及节能节水委员会办公室日常工作 4. 负责公司采购物资、自产产品、建设工程项目和服务的质量监督；负责公司法制计量和能源计量监督及处理；负责对进入油气田市场的服务（供应）商进行质量、标准审查和产品质量认可管理 5. 负责公司特种设备的归口管理 6. 组织、参与公司设备、质量、计量事故调查；负责质量事故统计上报工作；协调公司内外的计量争议 7. 负责公司计量量值传递（溯源）系统的建立及运行监督，完善计量检测手段 8. 负责公司节能技术改造（合同能源管理）项目的立项论证、方案审查、过程监督、测试验收及项目节能节水量核查 9. 组织公司能源审计、节能专项核查工作；制定公司生产系统能效监测方案，并监督实施 10. 参加公司新建、扩建、技术改造等工程项目有关计量、设备、节能专业审查、论证和可行性研究；组织计量专项审查和验收 11. 负责公司能耗统计分析与信息报送 12. 负责组织推广先进的质量、计量、标准化、设备、节能技术和管理方法 13. 参与质量、标准化、计量、设备、节能教育培训；负责交接计量员上岗培训和计量检定员、操作员依法持证监管 14. 负责西北节能监测中心、石油天然气克拉玛依工程质量监督站、工程技术研究院、实验检测研究院和新疆石油管理局机械产品质量监督检验站等技术支撑机构的相关业务管理 15. 负责新购设备选型审查及机械加工、设备修理改造项目的专业管理 16. 负责机械制造生产协调、技术管理工作 17. 负责对检验检测、计量、节能、设备装备、机械加工制造、修理服务（供应）商进行专业资质审查 18. 负责报废、闲置设备调剂、处置管理工作 19. 负责完成公司和上级部门安排布置的其他工作
3	物资管理部	一、物资管理部计划采购管理科职责 1. 贯彻执行国家、上级部门颁布的各项政策、法规、相关制度和管理办法 2. 负责制定分管业务的相关工作制度和管理规定，并监督执行 3. 负责公司物资计划管理工作，负责组织集中采购物资计划编制、上报工作，对公司各单位集中采购物资计划进行审核、审批，对物资计划执行情况进行监督检查 4. 负责组织公司库存闲置、积压物资的调剂工作 5. 负责对公司所属单位物资采购工作进行业务指导、管理、监督、检查、考核，做好与上级管理部门的沟通协调工作 6. 负责制定公司框架协议采购物资管理目录，监督检查框架协议采购执行情况，组织指导所属单位开展代储代销工作

序号	名称	主要职能
3	物资管理部	7. 按公司管理规定做好物资采购方案、采购合同的专业审查工作 8. 负责协调、解决物资采购和供应过程中出现的问题，做好物资保障工作 9. 负责组织一级物资供应商推荐、备案和二级物资供应商市场准入的专业审查工作 10. 负责物资关联交易的相关工作 11. 做好分管业务的总结分析工作，根据工作需要，按时完成总结分析报告，并提出改进措施和建议 12. 完成领导交办的其他工作 二、物资管理部物资管理科职责 1. 贯彻执行国家、上级部门颁布的各项政策、法规、相关制度和管理办法 2. 负责制定分管业务的相关工作制度和管理规定，并监督执行实施 3. 组织制定和下达公司物资供应系统经济考核指标，并做好年终考核工作 4. 负责公司自行采购物资计划审核工作 5. 负责公司物资仓储管理工作，定期组织仓储管理检查 6. 负责公司物资统计管理工作 7. 负责公司废旧物资管理工作 8. 负责公司物资质量管理和物资管理部质量体系管理工作 9. 负责应急储备库的管理工作 10. 做好分管业务的总结分析工作，根据工作需要，按时完成总结分析报告，并提出改进措施和建议 11. 完成领导交办的其他工作 三、物资管理部授权集中采购管理科职责 1. 负责集团公司授权集中采购电工材料管理小组的组织和日常管理工作 2. 负责组织集团公司授权电工材料集中采购建议方案的编制、上报和实施 3. 负责授权电工材料集中采购物资电子目录价格文件（CIF 文件）审核上报及网上价格管理 4. 负责集团公司授权电工材料物资编码的审核工作 5. 负责组织对集团公司授权管理物资品种进行市场调研、分析和供应商的准入推荐、考察、培训工作 6. 协助集团公司做好电工材料集中采购结果执行情况的监督、检查 7. 做好集团公司授权管理业务的总结分析工作，根据工作需要，按时完成总结分析报告，并提出改进措施和建议 8. 完成领导交办的其他工作 四、物资管理部综合科职责 1. 贯彻执行国家、上级部门颁布的各项政策、法规、相关制度和管理办法 2. 负责制定分管业务的相关工作制度和管理规定，并监督执行，牵头组织审核各科室制定的各项物资管理规章制度 3. 负责物资管理部行政办公相关业务的管理工作 4. 负责二级物资供应商准入和考核管理工作，协助做好一级物资供应商的推荐和考核工作 5. 负责以物资管理部名义对外发布信息的审核工作 6. 负责公司物资管理信息化技术推广应用 7. 负责组织物资管理部内控流程建设和 HSE 体系建设 8. 协助人事处做好物资系统员工培训工作

续表

序号	名称	主要职能
3	物资管理部	9. 做好分管业务的总结分析工作，根据工作需要，按时完成总结分析报告，并提出改进措施和建议 10. 完成领导交办的其他工作
4	档案中心	1. 负责档案工作中长期规划、年度计划的编制和组织实施 2. 负责档案管理制度、技术标准的制定和组织实施 3. 负责公司所属单位档案工作的业务指导、监督和检查 4. 负责勘探开发地质资料汇交工作的组织、协调和督办 5. 负责重点工程、重要仪器设备、重大科研项目归档文件、材料的验收 6. 负责电子档案的收集、整理、入库、发布和档案信息管理系统的日常维护、数据安全保密等工作 7. 负责公文、财务、科研、人事等各种载体档案的收集、整理、鉴定、保管和提供利用 8. 负责档案教育、档案宣传、档案科学技术研究、档案业务的对外交流与合作 9. 负责开发档案信息资源，编辑出版档案史料 10. 负责档案库房的安全管理工作
5	工程技术研究院	1. 负责石油工程技术的研发与推广 2. 负责提供勘探开发领域综合性、战略性工程技术信息与科学依据 3. 负责油气田勘探开发现场工程技术指导服务 4. 负责油气田勘探开发重点工程方案、规划的编制 5. 负责对钻井、采油气、地面工程、安全环保、节能等工程技术进行安全性、先进性及实用性评价
6	开发公司	1. 负责组织油气产能建设、油藏评价方案的实施，进行投资管控，完成新井产量任务 2. 负责按照方案组织油气产能建设、油藏评价、滚动勘探及系统配套工程的招议标和合同签订 3. 负责组织编制油气产能建设及油藏评价的地质、工程设计 4. 负责道通建设和油藏评价实施过程中的跟踪研究 5. 根据油气田公司生产规划负责组建项目管理机构，实施项目管理，负责工程建设质量、工期、投资及工程施工中的安全环保监督 6. 负责组织工程建设前期工作及竣工验收资料的准备、初审、交接工作 7. 负责公建系统配套工程建设项目的全过程管理工作
7	物资供应公司	主要负责物资采购和仓储配送工作
8	监理公司	代表业主负责各项目的质量、安全监理工作
9	数据公司	1. 负责信息化建设中长期规划、年度计划编制和信息项目实施管理 2. 负责重大信息项目可行性研究、技术方案编制和新技术、新方法研究及推广应用 3. 负责数据建设、管理、维护和应用服务，对数据源单位的数据质量进行监督 4. 负责应用系统的管理、维护和技术支持 5. 负责信息基础设施建设、管理及运行维护 6. 负责传输网络建设、管理和维护，保障公司生产指挥、应急救援通信系统畅通 7. 负责组织信息标准的制定和修订 8. 负责信息安全、保密技术措施管理 9. 负责中国石油新疆区域网络中心、新疆区域数据中心、总部信息项目技术支持中心的工作 10. 负责市、油气田网络宣传监督和网络舆情监督工作

4.1.2 业务流程分析

目前基本建设工程处的项目管理流程如图 4-2 所示。

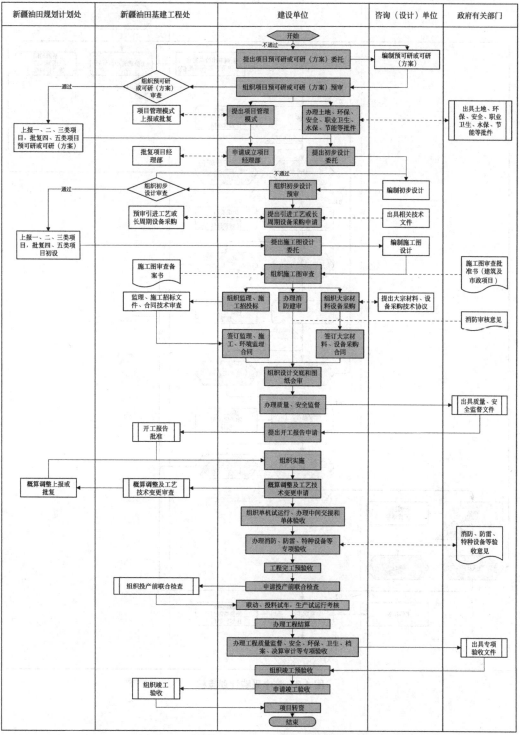

图 4-2 基本建设工程（项目）管理流程图

计划采购管理科集中采购流程如图 4-3 所示。

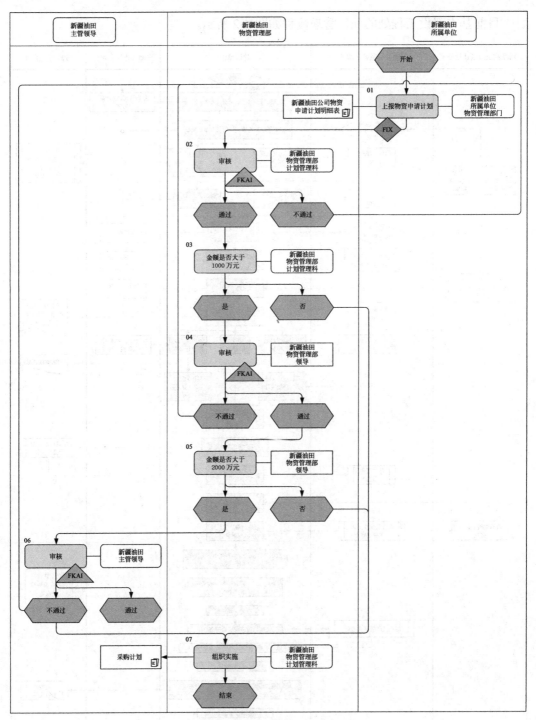

图 4-3 集中采购计划流程

4

地面工程数字化平台设计

计划采购管理科采购方案管理流程如图 4-4 所示。

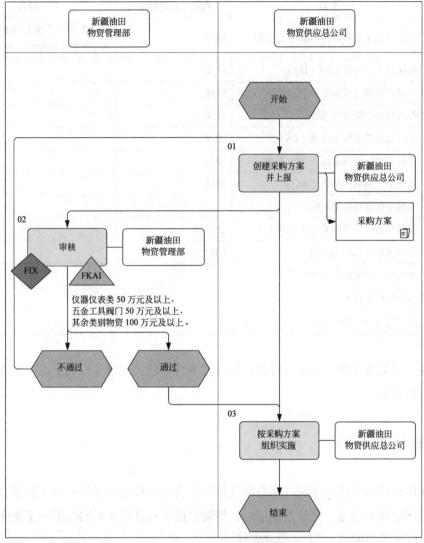

图 4-4 采购方案管理流程

4.1.3 信息系统分析

油气田长时间以来，在信息化设备、系统应用、人员培训方面投入了大量的人力和物力，各分子公司和作业区信息系统已经取得了一定的成就。但是，不容忽视的是，目前在油气田地面建设工程方面的信息化程度还不高，虽然开发了一些相关的系统，但是大部分系统都是相互独立的，无法实现数据互用，造成数据的重复录入，加大了基层员工的录入工作量。

油气田常见相关的信息系统与软件统计表如表 4-3 所示。

55

表 4-3　信息系统与软件统计表

序号	名称	购买/开发时间	应用效果
1	采油与地面工程运行管理系统（A5）	统建	目前主要用于项目的相关报审及生产数据的填报工作
2	勘探与生产系统ERP（D2）	统建	
3	中国石油物资采购管理信息系统（C1）	统建	
4	中国石油合同管理系统	统建	
5	中国石油档案管理系统（E6）	统建	
6	管道完整性管理系统（A9，长输）	统建	
7	油气生产物联网系统（A11）	统建	
8	工程造价管理信息系统		
9	中国石油档案管理系统（自研）	2017年	
10	工程技术协同研究平台	2017年	
11	油气田三维地理信息系统		
12	合同管理平台		
13	油气田地面工程信息系统		

另外，据笔者了解，还没有建设运维管理系统，相关运维工作仍由人工处理，信息化程度相对较低。

4.1.4　建设条件分析

油气田已建成千兆主干网，将总部及各分子公司和作业区连接。对于长输管道所在区域手机网络基本覆盖，光纤是租用的；集输管道所在区域手机网络不一定覆盖（偏远地区、山区无手机网络），不一定有光纤。

油气田一般都专门组建了数据公司等同类型信息服务二级单位，建设了数据中心，整体负责油气田各信息系统的研发和运维工作。

4.1.5　数字化移交国内外概况和发展趋势分析

1.国外现状和发展趋势

在流程工厂行业（包括石油、石化、化工、电力、核电、造船以及轻工等），工厂的全生命周期主要分为建造和生产两大阶段（图4-5）。很长一段时间内，这两个阶段相互独立：一旦建成，建设单位（包括设计、施工、监理等单位）将不再关心工厂的生产运行情况；同样，在建设期业主和运营方也很少参与设计方案和施工方案的确认，很少了解和熟悉施工过程中隐蔽工程的处理情况，无法提前为生产进行必要的准备，无法进行建设期的精细化管理。不同单位之间唯一的连接纽带就是工厂竣工时进行的资料移交。

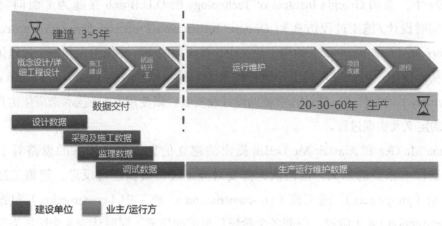

图 4-5　工厂全生命周期

1）国外项目管理研究现状

20 世纪 60 年代，在国外，人们将工期管理和成本管理相结合，将计划成本引入网络，产生了"S"曲线和香蕉图。70 年代以后，人们对建设项目工期、成本、质量的交互作用做了许多研究，构造了三大目标和三大控制之间的关系。

Javari's 提出了基于全生命期目标的一般项目管理模型。这个模型用来推动基于全生命期目标的建设项目管理方法的使用，以此将整个项目的过程集成起来。这个模型已经从传统的费用、时间和质量目标转变为全生命期的目标，与过去的项目管理模型进行对照，描述了一般全生命期项目管理的基本原理和框架。这个模型在一个大型基础设施建设项目中应用，取得了很好的效果。

同时，Javari's 研究了"并行建设"（concurrent construction）及其在基础设施的全生命期管理中的应用。"并行建设"的潜在益处毋庸置疑，但这个构思并没有摆脱传统项目管理的束缚，现存的合同方式、组织方式和工作方法都阻碍其实现。

Faroese、Waugh 等于 1991 年、1996 年、2001 年连续 3 次进行了关于"项目管理与计算机未来 20 年趋势"的问卷调查，研究成果基本反映出项目管理信息化近 10 年来的发展历程与未来趋势。

香港城市大学的 Tam 于 1999 年开发了一套基于互联网的"全面信息传递系统"（Total Information Transfer system，TITs），该系统由计算机通用软硬件构成，功能包括数据交换、远程登录、网络聊天、视频会议、搜索引擎、电子邮件 6 个方面，主要用于提高工程管理中的信息传递效率。

加拿大 Alberta 大学土木工程学院进行的一项历时 5 年（1997—2001 年）的研究课题，建成了一系列的施工仿真软件。其中 CRUISER 是一个用于设计和分析现场混凝土搅拌站的专用仿真系统。

1994 年，美国 Georgia Institute of Technology 的 O.D.Bosch 在题为《面向对象环保下的实时设计 / 施工过程仿真》（*Design/Construction Processes Simulationin Real-time Object-oriented Environments*）的博士论文中，将虚拟的交互环保引入到施工过程仿真系统中，从而使用户可以进入其中。他还构思了一种叫作 CADA（computer aided design and assembly）的新技术，即计算机辅助设计及安装，以使用 CAD 技术来简化仿真中优化目标的定义及实现过程。

Anna Mc Gea 和 Alastair Mc Lellan 提出的建立信息流集成体系的思路对于设计和施工阶段有重要的意义。他们认为需要对施工过程重新进行反思，把施工过程分成项目前（pre-project）、施工前（pre-construction）、施工中（construction）和施工后（postconstruction）4 个阶段。强调各个阶段信息流的集成，同时认为 4 个阶段需要不同的 IT 技术，比如项目前阶段主要是获得项目的场景图像，仿真、虚拟技术是主要的工具，施工前阶段需要用到人工智能、CAD 和虚拟现实技术等。

集成是当前项目管理信息化研究的另一个重要领域。Throes 早在 1992 年就提出过基于对象模型的项目信息系统（object-model based project information system，OPIS）。

2）国外数字化管理技术现状

Oracle 是全球最大的企业软件供应商，拥有业界最强的 IT 综合技术能力，包括跨专业应用软件、数据库、JAVA 技术、中间件、操作系统以及硬件基础设施等。在产品研发方面，Oracle 累计研发投入超过 240 亿美元，而近三年研发费用更超过 40 亿美元。Oracle Construction and Engineering Global Business Unit（建造与工程事业部）是全球最大的专业化项目管理一体化解决方案团队，是项目管理领域的全球行业标准，被全球众多业主及工程公司广泛采用，近年来，更有很多工程公司纷纷采用 Oracle 项目管理解决方案云来构建全球系统（包括私有云和公有云）。经过 30 多年的发展，如今 Oracle 早已成为国内外工程建设行业的行业标准，被全球众多业主公司和工程公司广泛采用，是国内外工程建设行业项目管理的标准沟通"语言"。

20 世纪 90 年代初，国际上开始提出"全集成和项目自动过程"（FIAPP）概念，即基于工厂全生命周期的数字化模型，并制定了国际标准 ISO 15926（工业自动化系统和集成。包括油气生产设施的加工设备使用寿命数据的集成），用于规范设计、构建和管理流程工厂过程中所涉及的计算机系统之间的数据集成、共享、交换和移交。该标准建立了标准的工厂对象信息化模型（OIM），全行业业务对象引用字典（RDL）以及数字化工厂模型中的关联关系模型（relationship），将传统的各单位之间点对点的信息流转变成了基于统一平台上的信息流转（图 4-6、图 4-7），降低在不同的专用系统之间迁移信息时密钥更新及格式更改方面的高投入。

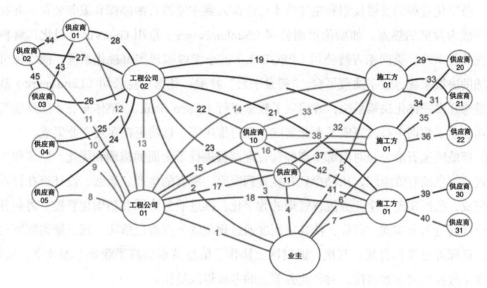

图 4-6　点对点数据流转

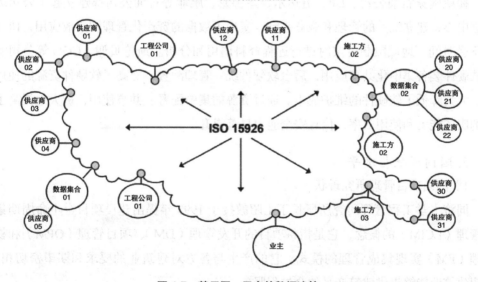

图 4-7　基于同一平台的数据流转

ISO 15926 标准最初仅包括一个数据模型和一个参考数据库，现在包括以下 7 个部分：概述和基本原理、数据模型、几何和拓扑的本体论、参考数据、参考数据的注册和维护程序、参考数据的开发和验证方法、分布式系统集成的实现方法。

基于数字化的数据交换标准需要流程工厂全产业链参与制定，如硬件数据采集标准的制定者 Honeywer、SIMENS，软件厂商 Autodesk、Aveva、Bentley、Intergraph、Oracle、达美盛，工程公司 JACOBS、FLUOR，施工企业 Bechtel，业主单位 DNV、

ExxonMobil、Shell，科研机构 NIST、Carnegie Mellon University 等都参与了标准的制定和应用。

数字化管理的发展规划和主体技术已经深入到主要的石油勘探和服务公司，并在近几年成为发展的热点，如斯伦贝谢公司（Schlumberger）推出 GigaViz 可视化、解释和属性分析系统；英国帕吉特公司（PEGETE）的小型虚拟现实可视化系统、油气田可视化辅助决策系统、数字油藏平台、"智景平台"技术；兰德马克公司（Land-mark）制定了勘探开发一体化决策系统，并建立了数据银行（Petro Bank）。整体来看，国外油气田公司建立了数据中心，完成了专业集成、部门集成等，目前正在实现企业集成。

挪威国家石油公司对内部生产经营管理流程进行了全面的梳理和优化，以流程为指引进行信息的有效组织，从勘探到开发直到废弃，所有的生产、运营、设计都在计算机上完成，已经实现了全业务流程管理的数字化，推进业务协同和精细化管控。将业务运转全部通过网上实现，首先，使各项制度通过规范的节点得以落实，真正做到制度电子化，确保业务操作合规；其次，通过网上协作、信息共享提高了业务办理效率；最后，业务全过程得到有效监控，对各业务节点的考核得以量化。

挪威国家石油公司、BP、道达尔、雪佛龙、康菲等石油公司都建立起了公司级的数据中心，建立统一的管理和服务平台，实现了数据的资产化管理和集成应用，研究人员不受时间、地域限制可实时进行远程资料调用和分析。斯伦贝谢、CGG 等公司实施了软硬件装备集中化共享应用，后台软硬件统一管理配置，提高了软硬件资源的使用效率，大大降低了软硬件的维护成本。通过资源的集中配置、共享使用，极大地提高了资源的服务能力和使用效率，信息安全能力显著提升。

2. 国内现状与水平

1）国内项目管理研究现状

同济大学工程管理研究所所长丁士昭教授于 1998 年提出建设项目全生命周期集成化管理（LCIM）的概念，它是指将项目的开发管理（DM）、项目管理（OPM）和物业管理（FM）实现集成管理的模式。它的产生与各方对建筑业的要求和期望密切相关，希望建筑业能够提供建筑产品的全过程服务。

同济大学工程管理研究所何清华教授在建设项目的 LCIM 的研究，分析了全生命周期管理模式下的组织结构及其工作内容，勾画了全生命周期集成化管理信息系统（LMSD）的总体开发方案，指出：信息互动是未来管理信息系统的发展方向。在 LCIM 模式中，组织结构和工作流程设计都直接服务于项目的业务流程，即直接目标是实现项目信息的集成化，权力和利益的分配关系不明显，而且往往是权力集中、利益（局部的利益，比如同为承包商或者开发商）一致情况下的协作关系。另外，研究者细化和完成了分别基于功能和空间的项目分解结构（PBS）及对应编码体系框架的建立，PBS 和编码体系是实现 LCIM 集成的基础和纽带。

东南大学土木学院建设与房产系成虎教授在对建设项目集成管理国内外状况进行深入分析的基础上，探讨了全生命期集成建设项目管理的目标、系统分解方法、组织、综合计划方法、信息集成化等，从新的角度建立了建设项目的系统模型。分析了项目的全生命期管理的目标体系，构建了项目管理的现实性思维、理性思维和哲学思维层次，同时提出了建设项目结构分解方法和准则，构造了以项目分解结构 PBS 为核心项目职能的管理集成模型。

天津大学李瑞涵教授将集成化的思想和项目管理理论相结合，提出了工程项目集成化的理论，并从工程项目集成化管理的前提条件、实施基础、内部平台、外部平台和信息平台 5 个方面提出了工程项目集成化管理的思想与方法。

2）国内数字化管理技术现状

国内在 ISO 15926 标准诞生后，中国标准化研究院开展了对数字化管理技术的研究和引入工作，在 2003 年发布了标准 GB/T 18975.1—2003《工业自动化系统与集成流程工厂（包括石油和天然气生产设施）生命周期数据集成　第 1 部分：综述与基本原理》，在 2008 年发布了标准 GB/T 18975.2—2008《工业自动化系统与集成流程工厂（包括石油和天然气生产设施）生命周期数据集成　第 2 部分：数据模型》。

国内的一些行业也开始着手建立行业的数字化交付标准，其中：

（1）中国能源建设股份有限公司、中国电力工程顾问集团有限公司、中国电力工程顾问集团华东电力设计院有限公司、中国电力工程顾问集团西北电力设计院有限公司等公司联合于 2014 年 6 月发布了《发电工程数据移交》标准征求意见稿，并于 2016 年 4 月 25 日正式发布，标准号为 GB/T 32575—2016，2016 年 11 月 1 日正式实施。

（2）中国建筑标准设计研究院于 2012 年底启动了《建筑工程设计信息模型交付标准》《建筑工程设计信息模型分类和编码标准》的编制工作，并于 2014 年 10 月发布了征求意见稿。其中《建筑工程设计信息模型分类和编码标准》于 2015 年 12 月顺利通过审查；《建筑工程设计信息模型交付标准》于 2017 年 3 月顺利通过审查。

（3）中国石油集团工程设计有限责任公司西南分公司、中国石油勘探与生产分公司、中国石油塔里木油气田分公司、中国石油长庆油气田分公司共同起草的《油气田地面建设工程信息数字化移交规范》于 2016 年 10 月递交了送审稿。

（4）中国石化工程建设有限公司、中国寰球工程有限公司、中石化洛阳工程有限公司、中石化上海工程有限公司、中石化宁波工程有限公司、中石化南京工程有限公司和中国石化镇海炼化分公司等共同编写的《石油化工工程数字化交付标准》于 2017 年 1 月发布了征求意见稿。

（5）住建部于 2014 年 7 月 1 日发布"关于建筑业发展和改革的若干意见"，要求推进建筑信息模型（BIM）等信息技术在工程设计、施工和运行维护全过程的应用，探索开展白图替代蓝图、数字化审图等工作。2016 年 12 月发布 GB/T 51212—2016《建筑信息模型应用统一标准》。

（6）交通运输部于 2017 年 9 月 2 日发布关于开展公路 BIM 技术应用示范工程建设的通知，决定开展公路 BIM 技术应用示范工程建设，在公路项目设计、施工、养护、运营管理全过程开展 BIM 技术应用示范，或围绕项目管理各阶段开展 BIM 技术专项示范工作。

（7）上海从 2016 年 10 月开始，要求已立项尚未开工的工程项目，应当根据当前实施阶段，从设计或施工招标投标或发承包中明确应用 BIM 技术要求；已开工项目鼓励在竣工验收归档和运营阶段应用 BIM 技术。从 2017 年 10 月开始要求规模以上新建、改建和扩建的政府和国有企业投资的工程项目全部应用 BIM 技术。

以上情况说明各企业对数字化标准越来越重视，这对以后的数字化发展起到非常大的作用。另外，国内的三大石油公司：中国石油天然气集团有限公司（中石油）、中国石油化工集团有限公司（中石化）、中国海洋石油集团有限公司（中海油）正在抓紧实施自己的数字化油气田战略，并已经取得了初步成果。在实施资源、市场、国际化三大战略思想的指导下，中国石油已实施"十二五"信息技术总体规划，建设内容主要针对油气田生产过程中的数字化管理，如 ERP、实时数据、物联网以及与运维相关的管道完整性管理等。

中国石油集团数字油气田建设加紧步伐，已经分别在计算机网络及其基础实施、专业数据库、应用系统、数据仓集成、互联网互动、虚拟现实透视化和智能化建模、数据标准、制度规范等方面的建设中取得了丰硕的成果。

其中，长庆油气田的"数字化监理工作系统"由西安长庆工程建设监理有限公司负责建设，2014 年已经上线；塔里木油气田于 2017 年开始搭建三维审图中心，2018 年开始搭建数字化移交平台；西南油气田在长宁页岩气项目上搭建数字化管道系统，实现了地面建设的动态管理。下一步计划以该平台为基础，集成扩展为数字化移交系统。

中国石化智能工厂试点目前已取得明显成效。在近几年的时间里，燕山石化、镇海炼化、茂名石化、九江石化 4 家企业试点智能工厂建设，采用云计算、物联网、移动应用、大数据等先进技术，按照"数字化、可视化、模型化、集成化、自动化"的建设思路，提升工厂运营管理水平，推动企业生产方式和管控模式变革，提高安全环保、节能减排水平，促进了劳动效率和生产效益提升。

通过该项目，九江石化进行了相应的标准化工作，收集生产物料等 40 个标准化模板和 36 类主数据（图 4-8）。

该项目的建设模式从原先的"插管式"集成升级为"中心交换式"集成（图 4-9）。

中海油从 2009 年开始"工程数据中心"的技术研究工作，于 2013 年正式上线（图 4-10），当年完成 40 个海上平台数据入库工作，2018 年入库平台达 158 个。

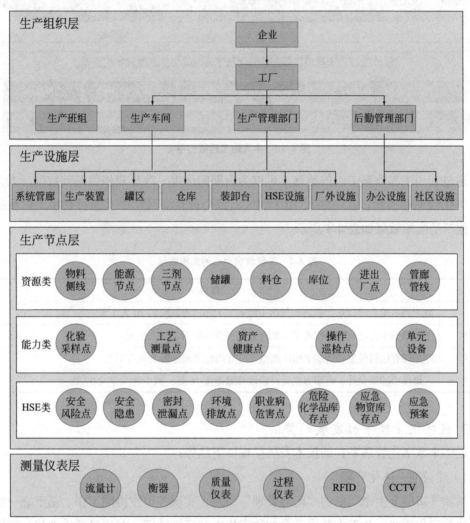

图 4-8　标准化涉及内容

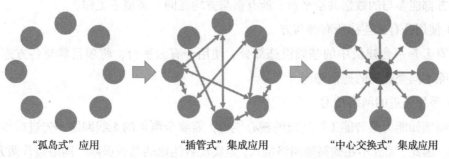

图 4-9　"插管式"集成向"中心交换式"集成转变

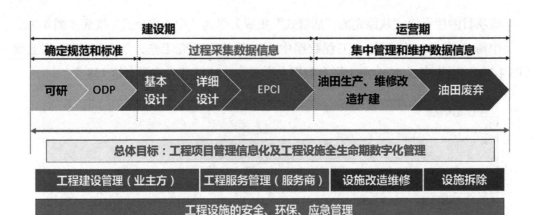

图 4-10　中海油工程数据中心

通过利用工程数据中心的数据，可以为后期的运维、改扩建提供基础数据，大大提高了工作效率和质量。在"旅大10-1油气田综合调整项目"中，通过利用工程数据中心数据后的实施效果如表4-4所示。

表 4-4　工程数据中心的实施效果

序号	效果
1	减少档案馆资料收集、整理和复印 100 人工天和出海调研的 20 人工天
2	工程数据中心已实现历次改造图纸合并，可节约绘图 150 人工天
3	利用现有结构模型和智能 P&ID 模型，可节约有限元分析 150 人工天
4	三维模型辅助设计，可研方案设计阶段排除碰撞 16 处，减少管线穿梁 27 处

3. 数字化管理平台发展趋势

近年来数字化管理平台的技术发展呈现以下趋势：

1）建设期一体化管理

从油气田的全生命周期的"闭环管理"出发，实现各单位协同工作、基于统一数据标准的数字化移交、基于大数据平台的数字化生产运维管理。在项目开始之初，就搭建一个各方都能参与的数据共享平台，所有参与方均在同一环境下工作。

2）使用公有云连接所有参与方

公有云是平台建设中的基础设施部分。使用公有云平台，将项目参与各方连接起来，消除不同企业间的通信障碍。

3）采用先进的网络技术

全面感知能力是智能工厂建设的核心能力，需要全覆盖的无线网络和先进的传感技术支撑。因此，无处不在的高速网络接入，是实现智能化的基础保障。网络包含两方面：一是全面覆盖的、高带宽的工业 5G 网，实现远程数据采集、无线视频监控、人员定位、智能巡检、无线抄表及生产现场设备运行状态的实时监测等应用；二是工业无线测控网络，配合相应 WIA-PA 无线适配器，实现对相对分散的计量、监测数据的低成本采集和传输。

4）采用最新的国际 / 国内标准

引用更加先进的国际标准作为平台建设的理论依据。基础设施行业目前有两个最主要的国际标准：针对流程工厂中工艺的 ISO 15926、GB/T 18975 和针对建筑结构的 IFC。依据这几个标准，制定油气田地面建设工程的业务主数据引用库（RDL），确保地面工程全生命周期内的所有系统能够进行无缝的数据交换。

5）更加先进的工程集成设计系统

如图 4-11 所示，工程设计经历了图板设计、二维 CAD 设计、三维 CAD 设计以及现在的集成设计系统等多个阶段。由于设计是后续所有工作的源头，因此，设计阶段所采用的技术手段也就决定了后续工作中能否直接利用其成果进行数字化管理。当前，各设计系统软件厂商都推出了先进的集成设计系统，为进行数字化设计提供了非常好的手段，主要优点包括：

（1）更加直观的设计，让计算机自动完成工程的错、漏、碰、缺检查，减少现场施工过程的返工。

（2）更加精确的材料统计，集成设计平台的布置设计按照 1∶1 进行场站设计，使材料统计更加精确、数量更加准确，确保后续的预算更加准确、精细。

（3）更完整的数据信息，相较于传统的纸质文件仅能从图面上获取信息，集成设计系统有更加丰富和详细的设计数据，比如：系统的拓扑关系、设计属性等，这些数据存

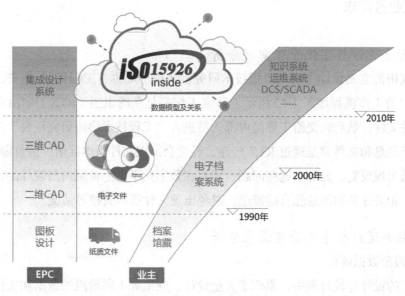

图 4-11　移交技术的历史变革

放于数据库系统中，一方面，可以让计算机协助我们进行更加智能和高效的统计和分析工作；另一方面，这些数据可以直接传递给下游的采购、施工、调试及生产部门，确保了数据入口的单一性，保证数据的唯一性和一致性。

6）采用三维可视化技术

在传统的项目实施过程中，设计院提供给下游的图纸均为二维格式，另外也由于设计院所使用的设计工具过于复杂，造成后期的施工、监理以及业主无法直接参与前期的设计过程，也无法直接利用三维模型进行后期的施工管理工作。因此，采用一种更加易于用户使用的三维可视化技术，为所有用户在通用环境（指非必须安装特定软件）下使用成为一种必然趋势。

利用三维可视化技术，实现工厂环境的可视化以及立体监控、浸入式交互、协同式管理，使设计到制造之间的不确定性降低，使生产过程在三维虚拟工厂中得以检验，提前发现设计和生产工艺中存在的不足，缩短从设计到生产的转化时间。同时，满足面向资产、综合管理的三维应用需求，为数字工厂完整解决方案提供基础支撑：一是设备管理的三维应用，集成现有工艺、设备状态、视频及各建设阶段数据，实现设备部件级、毫米级的工厂模型管理；二是地下管线三维 GIS 可视化应用，管道及周边环境信息的收集及数字化改造，实现对管线的全天候监控，提升应急处置能力。

4.2　需求分析

4.2.1　业务需求

1. 方案设计数字化管理需求分析

油气田的方案设计主要由工程技术研究院（以下简称"工程院"）负责，工程院收到委托后的工作流程如图 4-12 所示。日常工作都是在腾讯通（RTX）中由专人接收和返回相关文件，然后转交给工程院内部人员进入"工程技术协同研究平台"进行相关工作。由于信息和文件都是通过 RTX 传递，经常会出现文件版本混淆、信息漏看的情况，导致沟通出现反复。为解决这些问题，需要在数字化平台上将院内与院外的沟通过程管理起来，相关任务和消息能直接推送，避免出现文件版本失控等情况。

2. 勘查设计数字化管理需求分析

1）模型数据解析

工厂的设计建设过程中，累积了大量设计、施工等不同阶段的数据和文档，这些数

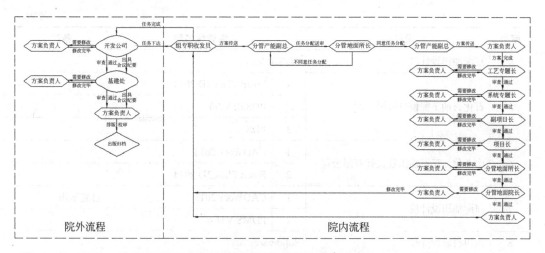

图4-12　产能地面方案编制过程控制流程图

据和文档来自于不同的参与方、不同的应用工具，例如工程公司各专业有专属的设计和分析系统，例如智能工艺流程图设计系统 P&ID 的数据和图纸，可能来自于 Intergraph Smart P&ID 或者 Autodesk P&ID 等；三维配管专业的建模工具，可能来自于 Intergraph Smart 3D、AVEVA PDMS 或者 Autodesk Revit；设备专业的建模系统，可能来自于达索的 CATIA 或者 Autodesk Inventor 等。而作为参与方的业主方、施工单位都没有工程公司专属的设计系统和工具，导致无法打开和查看工程公司的成果，如果工程公司发布成 PDF 等格式给其他参与方，必然导致信息的丢失和传递效率下降。因此，为项目各参与方构建一个全新的协同工作平台是必要的前提工作。

目前油气田的各设计参与方大部分都实现的三维数字化设计，由于各个单位的情况不同，使用的三维设计软件也不尽相同（表4-5），产生的模型格式也不相同，为实现统一的数字化管理，需要将这些软件产生的模型和数据解析成统一的格式。

表4-5　各设计方使用的三维设计软件

序号	设计院		三维软件名称	备注
1	大庆油田设计院	1	PDMS V12.1	
		2	Smart Plant 3D 2011	
2	中国石油工程建设有限公司西南分公司	1	PDMS V12.1SP2/SP4	总院采用
		2	Smart Plant 3D 2014	
3	中油（新疆）工程建设有限公司	1	AutoPLANT V8i	
		2	PDSoft V2.5	
		3	PDMS V12.1SP2	
		4	CADWorx 2014	

序号	设计院	三维软件名称		备注
4	辽河油田设计院	PDSoft V3.0		
5	石化石油工程设计有限公司	1	Smart Plant 3D 2014	
		2	PDSoft V3.0	
		3	PDS	
6	中石化江汉石油工程设计有限公司	1	CADWorx 2013	
		2	Smart Plant 3D 2014	
7	河南油田设计院	1	CADWorx 2013	总院采用
		2	PDMS V11.6	
8	四川科宏设计院	Solidworks 2014		
9	中油管道建设工程有限公司	1	Smart Plant 3D 2011R1	
		2	PDS V8.0	
10	四川机械设计院	SolidEdge V20		
11	新疆科汇设计院	优易三维设计软件		
12	新疆寰球设计院	1	PDSoft V2.85	
		2	PDMS V11.6	
13	中信建筑设计院	Autodesk Building Design Suite		

2）三维模型审查

在以往的审查过程中，通常只是对施工图进行审查，审查单位也只有设计、审计、用户等单位参与进行，施工单位一般不参与审查，所以在后续施工时有些地方无法施工。通过三维模型审查，可以对各模块间进行对接检查，主要包括：结构布局与工艺设备、管线、容器、控制系统、物资采购、质量监理等的对接。通过对接检查，及时修改设计模型及数据资料，有效降低施工风险，提高施工效率。

3. 概预算数字化管理需求分析

概预算管理部门已有油气田工程造价管理信息系统、油气田地面造价编审软件等，平台主要用于估算→概算→预算→结算这4个方面的工作（图4-13），就目前而言平台主要负责工程项目的结算工作，其中估算、概算适用性不是很强。就现状而言，概预算管理部门希望实现从设计院提供的三维模型中读取相关数据，从里面获取工程量信息，比如门窗、墙体、管件等的具体数量，达到从分项工程、分部工程、单位工程等逐步汇总工程量，然后分析数据，估算出具体的工程量、计算工程造价等。

数字化管理平台需提供概预算管理部门所需要的工程量的获取接口，达到互通且相互不干扰的优势。基于三维模型，可以按厂房、标高、区域、房间进行设计工程量统计，工程量的获取可大致分两部分：一部分为石油安装工程；另一部分为建筑安装工程统计分析。

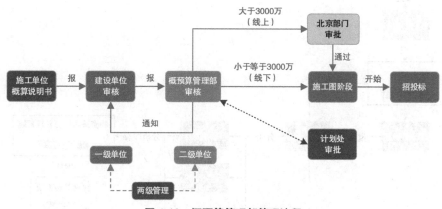

图 4-13　概预算管理部管理流程

4. 采购数字化管理需求分析

物资计划会根据材料的型号等分类后分发给专门负责采购的公司去采购，采购的详细过程进度记录在物资采购信息管理平台中，最终的采购结果在 ERP 系统中，而招标方案管理、合同报批等工作在合同管理系统中处理，招标方案完成以后，进入电子招标平台进行具体的实施过程管控。

目前合同管理系统中缺材料、合同等编码，无法与 ERP 系统、物资采购信息管理平台进行正确的匹配工作，目前是通过手工判断、电话等确认后录入；ERP 系统中有具体的计划，每阶段都有对应的唯一的计划号。

对于物资管理部来说，主要的需求是实现物资编码统一，只有统一了材料编码才能减少从设计院提供的材料中摘抄数据的人工干预量，提高工作效率，降低出错概率。其次，需要打通与招标中心平台的通道，以便及时快速地获取采购进展信息。对于物资供应来说，主要希望实现的是能自动从 ERP 系统中生成汇报使用的数据汇总表，减少人工摘抄数据的工作量，提高工作效率（图 4-14）。

5. 施工数字化管理需求分析

施工管理主要是自项目施工准备至项目交工验收阶段现场施工生产的管理，包括施工管理组织体系、施工管理策划、现场施工准备、开工条件检查、施工组织与方案设计、施工调度与现场协调、施工建设、工程中交、交工验收、竣工验收、施工总结等业务内容，以对施工过程中核心业务流为主。

施工管理能够对施工进度进行管理，包括进度日报、周报、月报、分项报告。能够提交问题日志、跟踪问题日志。能够对施工变更进行管理，包括工程变更、计量签证、

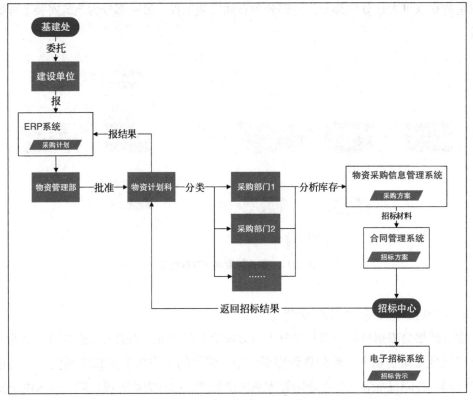

图 4-14　物资供应工作流程

工程签证。

施工数字化管理涉及施工计划、材料管理、焊口相关和现场监控几个方面。

1）施工计划

施工单位应在数字化管理上制订施工计划，确定施工任务（根据采购计划＋图纸制定施工任务，任务细度划分根据项目要求），施工计划关联三维模型、采购批次进度、计划时间和实际完成时间，实现可视化的施工过程管理。

2）材料管理

业主单位每次工程结束剩余材料，导致库存多，所以新项目的采购需考虑"挖潜"工作，有效减小库存和相关费用。需要在系统中显示业主库存清单及新项目材料采购清单，提供数据展示和合并后清单等功能。除此之外，还需要让施工单位能了解材料各批次的到货时间来制订施工计划。

3）焊口相关

焊口编号工作流程如图 4-15 所示。焊口及其编号等信息要在模型体现，设计院需深化模型，最后竣工图移交给业主归档。

焊口其他信息：除了位置和编号以外，需要考虑以下 3 点（图 4-16）：

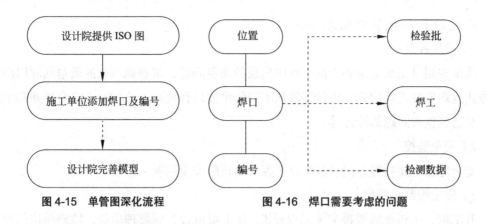

图 4-15　单管图深化流程　　　　　　图 4-16　焊口需要考虑的问题

（1）挂接检验批：挂接的方式。

（2）添加焊工信息：焊工人员及其信息施工前已录入平台，支持人员列表选择。

（3）检测数据：录入或导入数据或文件。

4）现场监控

为规范建筑业施工现场管理，借助计算机信息网络技术手段实现监督管理的信息化，强化监督执法部门的监管手段。根据各工地现场监控的需求，建立一套具有统一性、完整性和科学性的重大工程施工工地视频监控系统。在现有的管理机制中整合视频管理的元素，做到动静皆管的立体管理机制，可以更有效地对地面工程施工进行管理。同时，由于视频管理源于安防监控，因此，在整合后的管理机制中，在视频管理之外，更能够为管理系统增加安全保障的能力，使新的管理系统具有更强的管理能力。

施工工地视频监控系统的建设目标：

（1）对重点或大型工地的重点位置监视，并可根据需要改变监控的角度和焦距，及时发现问题。

（2）向用户提供最高达到 720×576 解析度，25 帧/秒的高质量监视画面，在光照较好的情况下获得清晰的视频监控图像。

（3）监控单一工地场景的现场情况，分屏监控不同工地的现场图像，实现多点场景之间的自由切换，做到所有视频监控点与监控中心的时钟同步。

（4）监控中心根据需要可随时录像，分监控中心通过安装监控软件可实现本地录像。

（5）系统具备双向语音通信功能，通过语音远程通知施工工地相关信息。

（6）视频监控点应充分考虑后期运维的需要，在工地施工完成后，可继续用于生产运维，避免重复投资。

（7）视频监控图像能供其他需求单位或部门共享使用，提高系统的使用效率和投资收益。

6. 监理数字化管理需求分析

1）质量控制

质量控制是用来记录和查询工程中出现的质量问题，将查询出来的质量问题以图形的方式直观地展现给用户。质量问题从不同的维度进行统计，比如对不符合项通知的统计，对已经整改问题的统计等。

2）安全监控

安全监控主要功能是记录和统计工程中出现的安全问题。

3）质量控制总程序

开工前，承包商需要提交《工程开工／复工报审表》到监理单位，监理单位的项目监理组审查开工／复工申请，批准以后监理单位签发开工令进行施工。施工单位工序完工以后首先对工序进行自检，自检合格以后填报《工程报验单》发给监理单位，监理单位收到以后进行质量检查，质量合格以后监理工程师签署《报验申请表》和相应的验收记录；重复以上步骤直至单位工程完成，然后施工单位向监理单位申请预验收，监理单位中的监理组组织或参与竣工预验收，最后完成工程竣工资料移交。

（1）施工组织设计审核监理工作程序。施工单位组织设计报审同时通过上级部门审核通过以后，各专业监理工程师接到报审后进行初审并向施工方询问和落实主要问题。初审完成后项目总监主持监理组会审，会审期间重大问题与业主、设计方协商并提出修改意见给施工单位。施工单位重新报审，审批通过后将批件返回承包方并报送建设单位。

（2）材料、设备供应商及检测单位审核监理工作程序。供应商单位以及检测单位提供资质证明文件报施工单位，施工单位提出审核报告并报监理工程师审核。如果不同意则继续重复以上步骤；同意则上报建设单位确认供应商并签订合同。

（3）建筑材料审核监理工作程序。施工单位先进行自检，检查合格证、质保书、备案资料等，同时监理见证取样送检测单位复试，必要的时候监理需要进行平行检测；施工单位提交材料报验单给监理进行审核，不通过则换材料，继续走以上流程，通过则材料进施工现场使用。

（4）施工图纸会审监理工作程序。总监理工程师部署图纸会审工作，各专业监理工程师熟悉施工图纸，建立内部进行初审同时提出相关问题记录；然后监理单位主持由建设、设计、施工几方参加的图纸会审，会审完毕以后整理图纸会审纪要并经各方认可；然后监理单位监督施工单位按照图纸会审纪要内容组织实施。

（5）监理巡视检查工作程序。分项工程各工序施工完成以后，施工单位首先对质量进行自检，合格后监理工程师对工序施工质量进行巡检。巡检过程中发现不合格则落实施工单位进行整改直至合格为止；巡检合格则可进入下一道工序。

（6）检验批、分项工程验收监理工作程序。施工单位对检验批、分项工程进行自检，自检合格以后填写报验单给监理单位，监理工程师对检验批、分项工程进行检查。如果不合格则施工单位进行整改，直至合格为止；合格以后监理签署隐蔽工程报验资料，才能进行下一道工序。

（7）分部工程验收监理工作程序。施工单位对分部工程进行自检，自检合格以后填写报验单给监理单位，总监理工程师或总监代表组织检查对分部工程进行检查。如果不合格则施工单位进行整改，直至合格为止；合格以后监理签署隐蔽工程报验资料，才能进行下一道工序。

（8）单位工程验收监理工作程序。施工单位完成单位工程以后进行自检，自检合格以后向监理单位提出预验收申请，监理单位对施工单位的单位工程进行资料及现场预验。如果预验不合格则返给施工单位进行整改，直至合格为止；合格以后监理单位组织初验、施工、设计单位参加，监理就存在的问题提出书面整改意见；施工单位对提出的意见进行整改，整改完成以继续向监理单位申报复验，如果不合格则继续整改，直至合格为止；合格以后施工单位提交工程资料并提出竣工验收申请同时汇总相关问题清单向建设单位报备。

7. 竣工验收数字化管理需求分析

竣工验收涉及准噶尔盆地油气田档案中心、建设单位、施工单位和检测单位等，在以往的归档中经常发现归档资料丢失、文件层次结构对不上等问题，同时由于归档的电子资料只是扫描件，不利于运维期的查询利用。因此，需要完成以下工作：

（1）建设数字化管理平台，让相关参与方在前期都参与进来，按照平台的流程同步规范流转相关审批手续，避免出现资料丢失的情况，流转的时间节点可以严格控制，这样可约束各参与方严格按照时间节点流转完成相关流程。

（2）实现在建设期就开始进行数据采集，把三维模型、静态文档、数据及动态数据整合在一起，以基础设备数字化、生产过程数字化、生产管理数字化为基础，建立一个多维的数字信息集成展示平台。同时引入三维可视化技术，形成大数据可视化的数字工厂，可以实现在项目建设完成后的很短时间内完成数字化竣工验收。

8. 运维管理需求分析

运维管理涉及各厂处、质量设备处和完整性管理部门等。目前主要是通过人工方式执行运维工作，相关运维数据由各厂处以每月填报一次的方式录入 ERP 系统，相关数据零散，无法进行跟踪和数据分析，因此需要完成以下工作：

（1）建设设备运维管理系统，实现设备设施台账、巡检管理、点检管理、定期维修保养管理、报缺、报警监控接口、工单管理和物料管理等功能模块。通过整合数字模型，台账可以以模型可视化方式来予以使用，各类型计划、临时作业也都可以依赖模型来进行组织。

（2）建设三维看板系统，集成运维管理系统进行大屏投射，通过IOT采集接入，实现对设备运行情况的实时监控管理。设备的组态、启停、折旧和报废等功能覆盖设备的全生命期，设备资产台账及时反映设备资产的价值。

9. 设备数字化管理需求分析

用户在前期方案设计的时候参与设备选型，后期主要从ERP系统中获取设备相关静态数据与动态数据：静态数据包括设备相关参数，如重量、制造商、价格等；动态数据包括DCS、定期的巡检记录等运维数据。

数字化管理平台需考虑相关的流程审批程序，静态数据和动态数据从数字化管理平台中获取，通过三维模型与物联网的结合查看实时现场数据，记录设备维修、检修等相关数据都能在平台中记录查询。

建设备运维管理系统，实现设备设施台账、巡检管理、点检管理、定期维保管理、报缺、报警监控接口、工单管理和物料管理等功能模块。通过整合数字模型，台账可以以模型可视化方式来使用，各类型计划、临时作业也都可以依赖模型来进行组织。

10. 完整性管理需求分析

准噶尔盆地油气田的管道完整性管理目前分两种情况：长输管线使用"管道完整性管理系统A9"进行数据采集和完整性分析；集输管线和站场目前仍然使用人工方式，将数据采集到Excel表格中，然后在Excel表格基础上进行计算分析。

准噶尔盆地油气田拥有4万多条集输和长输管道，总计里程19 000多km，大中型站场有321座，有着海量的设备设施需要进行完整性管理。建设准噶尔盆地油气田管道与站场完整性管理系统，基础数据的收集和业务功能的建设都是迫切、艰巨且长期的任务。就目前阶段看，管道与站场完整性运行管理功能，分为完整性管理数据库建设以及配套的完整性管理功能规划及渐进式实现。

1）完整性基础数据库

完整性基础信息数据库是完整性管理的关键性模块，数据采集关联、后果区识别、风险评价、完整性评价、效能评价等业务都要依托完整性数据库来开展。完整性基础数据库中，包括有管道和站场设备设施信息数据、完整性案例数据、空间结构模型数据。

完整性案例数据库需要因时因地进行长期数据积累，其他地域、其他厂商的数据库虽有借鉴意义但并不切合本地情况，故完整性数据库的建设是管道和站场完整性管理系统的第一步，也是一个长期的过程。

管道和站场设备设施信息数据，是完整性管理的重要基准数据。对于管道而言，管段、焊缝和阀门等构造自设计阶段起到施工、施工检验，对于设备设施而言的位置、参数、设计、施工等基础信息，相应的管理关系人和组织等信息，都将用于后续的完整性管理事务安排、评估计算。只有准确地知道了都有哪些管道、由哪些管段焊缝阀门等结构构成、这些对象各自处于哪个位置、相互间的关联关系如何、建设历史如何，才能准确安排对完整性的管理工作。

管道和站场设备设施信息数据，对于新建工程而言，可以从工程项目的数字化移交系统中获取，数字化移交系统具备与之开发数据接口快速建立对应管道、设备信息数据的能力。

目前准噶尔盆地油气田存量管道和设备信息，分散在各作业区域不同责任单位，多数以纸质台账、口口相传来予以记录和传达，部分相关责任单位自行建立了类似 Excel 级别的信息记录文件，采用自觉维护的方式收集了部分对象数据。ERP 系统内有少量设备信息台账，信息缺失较严重，A11 系统有一部分相关的基础数据。可以说准噶尔盆地油气田存量管道和设备信息的信息化管理程度很有限，对于存量项目，要准确掌握各种管道和设备信息，达到对完整性开展精细化、集约化管理的目标，需要开展完整性基础数据库的逆向信息收集、建模、数据恢复的建设工作。

完整性数据库的建设，分为数据库结构及实例建立、数据收集整理和维护两大类工作。完整性数据库结构及实例建立工作，需要按照层级结构来开展，如管道部分分文管道、管段、焊缝、检测点等层级，设备部分也分为作业区域、装置、设备、零部件等层级。依照业务细节属性，确定好结构后，完成数据库结构的定义，并架设配套服务器、安装数据库、完成数据库结构初始化。数据收集整理和维护工作，一方面有前述数字化移交和逆向工程获得基本数据，也需要对接 A11 系统，做到定期更新同步数据，保障完整性数据库基础信息的及时性、有效性。

2）数据采集

准噶尔盆地油气田管道及站场完整性管理，无论完整性数据库的建设还是数据更新、获取评估参数等工作，离不开与关联系统的数据对接。目前主要的相关系统包括 A4 地理信息系统、A5 采油与地面工程运行管理系统、A11 物联网系统，集团 ERP 和专用检测评价软件也需要有一定的数据对接。

从目前情况来看，短期内协调各系统做自动数据接口存在很大的困难。可能采取的措施主要是从各系统导出数据到可移动存储介质（U 盘等），通过移动存储介质完成数据向完整性管理系统的输入。

目前油气田的 IT 治理存在的通病是众多 IT 系统各自独立、孤岛，从完整性数据采集角度来说，前述可移动存储介质方式对接数据，只是过渡阶段的措施。需要 IT 主管部门能够大力推动各系统间的自动直连数据接口，采取诸如 Web Service 或者 Resful 的接口架构，做到自动同步数据，实现数据的采集。

4.2.2 功能需求

按照各种系统的不同功能，可以将油气田地面工程数字化管理平台分为以下 7 个系统：项目综合管理系统、可视化云协同系统、数字化工厂移交系统、三维看板系统、生产运维系统、完整性管理系统和虚拟仿真培训系统。

1. 项目综合管理系统

项目综合管理系统将包含文档管理、质量管理、HSE 管理和施工管理等功能模块。

2. 可视化云协同系统

可视化云协同系统为设计方、施工方、业主等项目相关人员提供了一个全新的跨部门的云协同工作平台，不同角色的项目人员都可以在此平台无障碍地进行二维、三维模型和文件的审查工作。

3. 数字化工厂移交系统

数字化工厂移交系统需提供一个数字化工厂的全貌，将工程的设计、工厂的施工及营运等阶段的信息都完整地记录下来。同时，业主使用数字化工厂移交系统模块能接收数据，无须依赖各参与方的专有应用系统，实现对工厂数据的检索、查询和利用，并实现和第三方运维系统的对接。

4. 三维看板系统

三维看板系统是由物联网传感器、三维可视化平台、PIM/BIM3D 模型、大屏可视化构件组成的用于 PIM/BIM 运维的数据可视化平台，有数据采集能力、数据处理能力、图形展示能力、3D 模型处理等功能。三维看板系统能够为用户及时高效地解决各类安全及能耗相关问题，通过数据采集、热区分布、报警定位、系统结构展示等方式提供全面精细的三维可视化运维管理，实时监控环境品质，有效提高能源的利用效率节约成本。

5. 生产运维系统

生产运维系统能够显著提高企业的资产管理水平，改善企业资产运维运营效率，提高企业的市场竞争能力，并且能够有效降低企业的研发成本和运维成本，提高企业的资产价值。系统紧紧结合当前互联网发展的趋势，构建基于云平台的全方位资产管理服务体系，包括灵活多样的报事报修管理，完备的空间资产、设备资产基本信息管理、计划工单、临时工单、品质核查、巡检维修保养、应急预案、能耗管理、报表报告、组织结构管理功能模块。系统能够实现对企业资产的多维度、全方位的资产价值和成本跟踪；通过强大的数据分析能力，提升企业的资产价值，为企业的资产管理提供准确的决策依据；实现资产自规划到建筑施工直至持续运营、大修大建、退役等阶段的资产全生命周期的管理，也可实现设备自采购到运行直至报废的全生命期的管理。

6.完整性管理系统

完整性管理系统应当包含数据管理、数据系统接口、管道数据分析等功能模块数据管理系统功能。

7.虚拟仿真培训系统

虚拟仿真培训系统需包含如下内容：三维建模、学员端三维场景软件、实操培训管理工作站软件（含系统管理模块）3 个部分。

三维建模主要工作为搭建场景，此场景是培训的三维虚拟环境。学员端三维场景软件采用 VR 眼镜进行展示和操控，同时具备 2 个学员协同操作和培训的能力，学员通过外设设备可在三维场景中进行实操操作。主要功能包括设备查询、场景漫游、设备操作、双人互动、培训考核等。

4.2.3　技术需求

1.性能需求

1）流畅性

系统加载全部三维场景时，应能够流畅运行，帧数不少于 45 fps/s，学员在 VR 子场景中通行和操作时，帧数不少于 60 fps/s。

2）实时性

系统内部操作响应迅速及时，系统延时小于 200 ms，内部通信延迟小于 200 ms。

3）可靠性

系统可用率大于 99%，保证 7×24 h 无间断运行。

4）安全性

项目具备整套的安全解决方案来保证系统的安全性。具体表现为：系统需要具有权限管理功能，保证信息不泄露给未授权的用户；用户密码需要进行加密保存，以保证系统安全性。

5）扩展性

系统需采用标准化、模块化设计，具有良好的扩展性。根据需要可扩展学员端数量，建立设备模型库，支持后期系统扩展。

2.接口需求

为了保证系统的完整性和健康性，系统接口应满足下列基本要求：

（1）接口应实现对外部系统的接入提供企业级的支持，在系统的高并发和大容量的基础上提供安全可靠的接入。

（2）提供完善的信息安全机制，以实现对信息的全面保护，保证系统的正常运行，应防止大量访问以及大量占用资源的情况发生，保证系统的健康性。

（3）提供有效的系统的可监控机制，使得接口的运行情况可监控，便于及时发现错误及排除故障。

（4）保证在充分利用系统资源的前提下，实现系统平滑的移植和扩展，同时在系统并发增加时提供系统资源的动态扩展，以保证系统的稳定性。

（5）在进行扩容、新业务扩展时，应能提供快速、方便和准确的实现方式。

4.2.4 数据与标准化需求

1. 数据需求

为确保数字化管理平台各系统的数据流转，需要搭建统一的数据平台，其中内容包括：

（1）业务主数据（又称公共数据），包括油气田名、区块名、井名、装置号、管线号、设备位号、焊点号等核心实体数据。针对油气田建设主数据库，可以逻辑关联各类数据，实现统一管控和集成应用。

（2）全生命周期的大数据管理平台（见图4-17）。解析设计院提供的智能P&ID、三维设计模型建立油气田地面工程数字化模型、在数据库中建立起不同个体之间的逻辑关系、为现有系统（如主数据系统）提供数据访问接口，同时，提供轻量化的二维、三维模型展现，确保整个周期内的所有用户都能随时查看二维、三维模型。

图4-17 全生命周期大数据管理平台架构图

2. 标准化需求

为确保数字化管理平台各系统的数据流转，需要对编码进行统一，包括设备编码、物资编码等。

4.3 技术方案

4.3.1 建设内容与规模

采用"总体部署，分步实施"的方式逐步建设油气田地面工程数字化管理平台，具体内容如表 4-6 所示。

表 4-6 《油气田地面工程数字化管理平台》建设内容

序号	建设内容	内容说明
1	建立标准规范	建立编码规定、数据字典、采集规范、移交规范等标准
2	项目综合管理系统	完成项目综合管理系统的研发，接入现有系统的数据，实现建设期数据的流通整合
3	可视化云协同系统	完成多方可视化云协同系统的研发，实现二维、三维模型和文件的审查功能
4	三维看板系统	完成三维看板系统研发，实现各系统数据集中可视化展示，辅助管理层决策
5	数字化工厂移交系统	完成数字化工厂移交系统的研发，实现设计、采购、施工、试车等阶段的模型和数据的整合
6	生产运维系统	完成生产运维系统的研发，接入移交系统和物联网系统的数据，实现资产台账、运维工单、备品备件等功能
7	虚拟仿真培训系统	完成虚拟仿真培训系统的研发，可进行虚拟工艺培训和消防演练
8	管道与站场完整性管理系统（集输）	完成完整性管理系统的研发，接入移交系统和运维系统的数据

4.3.2 功能架构方案

根据上述总体功能架构要求，以下设计了 3 种架构方案（图 4-18~图 4-20）。

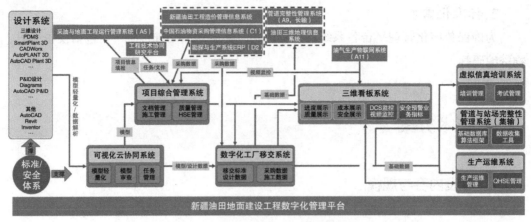

图 4-18　架构方案 1——插管式集成

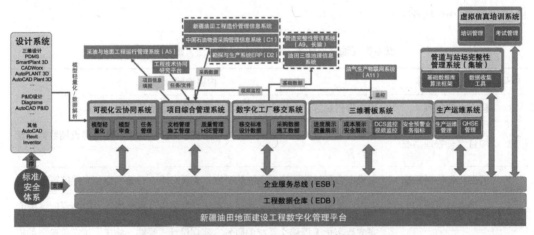

图 4-19　架构方案 2——中心式集成 + 插管式集成

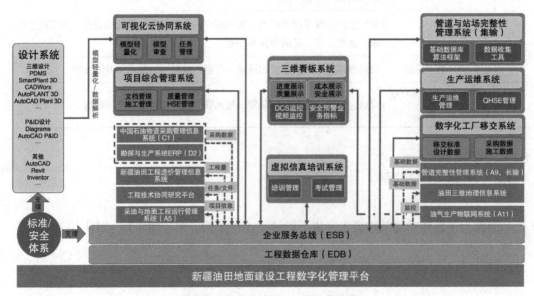

图 4-20　架构方案 3——中心式集成

以上 3 种架构方案分别有不同的优缺点，对比如表 4-7 所示。

表 4-7　架构优缺点对比

	架构方案 1	架构方案 2	架构方案 3
优点	新平台中各系统各自与相关的系统集成，不需要整体考虑，开发时间相对短些	1. 搭建企业服务总线整合新建系统数据； 2. 半中心交换式架构，即新系统使用统一基础数据库，通过项目综合管理系统开发接口与现有系统对接； 3. 新建系统中文件／数据只保留一份在基础数据库中，其他系统可以调用	1. 搭建企业服务总线整合新建系统数据，开发接口接入其他系统数据； 2. 中心交换式架构，平台层提供接口对接现有系统（A11 系统由使用系统直接对接）； 3. 新建系统中文件／数据只保留一份在工程数据仓库中，其他系统可以调用
缺点	1. 有大量的接口开发工作，同样的接口需要在不同的系统开发； 2. 文件／数据会在不同的系统存有多份	1. 前期考虑的内容比较多，开发时间相对较长； 2. 同样的接口需要在不同的系统开发	

可以看出，架构方案 3 是最优方案，因此建议使用该架构方案建设油气田地面工程数字化管理平台。

4.3.3　体系架构方案

1. 应用架构方案

系统采用经典 J2EE 企业级应用框架，分为数据层、应用层和展现层，在数据层和应用层之间增加了缓存层（图 4-21）。

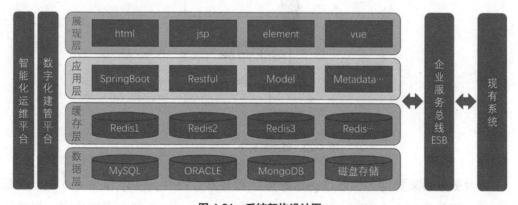

图 4-21　系统架构设计图

数据层使用 MySQL 和 Oracle 关系数据库，进行读写分离，可以满足系统高并发的要求。文件存储使用静态文件服务器，跟应用分离，单独部署，提供响应数据。

据统计，大部分系统 80% 的用户重复访问 20% 的信息资源，对这 20% 的热点数据进行缓存，就可以大大减轻数据库服务器的压力，加快请求的响应时间。系统缓存层使用 Redis 集群，对于热点数据进行缓存，同时应用层设定缓存过期策略，使得系统大部分服务都无须直接操作数据库。

应用层采用目前最流行的 Spring Boot 框架，集成了 Spring 容器，用来管理系统中的 Bean，集成了 Spring MVC，用来提供数据服务给前台页面。应用层还包括了 ORM 持久化组件 Metadata、日志组件、Activity 流程引擎等。应用层可以将系统应用服务注册到 ESB 企业服务总线上，为 APP 应用及其他第三方系统提供数据、服务。

前端页面展现层使用的是 vue 前后端分离开发模式。

2. 物理部署方案（图 4-22）

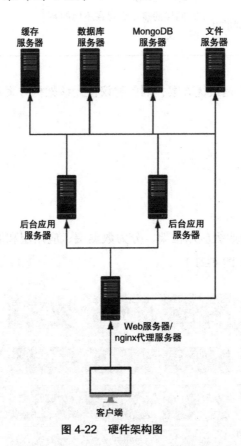

图 4-22　硬件架构图

后台服务器集群部署，通过 getway 做代理转发，同时 getway 作为 web 静态资源服务器，当前端压力大时，可以将 web 服务器从 getway 服务器中剥离出来，集群部署。缓存服务器使用 redis，数据库服务器使用关系数据库，支持 MySQL 和 Oracle，MongoDB 用来存储非结构化数据。文件服务器单独部署，后期方便扩展。

4.3.4　技术架构方案

为适应各系统的运行和备份要求，拟配置的硬件如表 4-8 所示。

表 4-8　硬件环境要求

序号	类型	数量	说明	要求	
1	数据库服务器	6 台	分别用于运行项目综合管理系统、可视化云协同系统、三维看板系统、数字化工厂移交系统、生产运维系统、完整性管理系统、虚拟仿真培训系统的数据库	操作系统	Windows Server 2008 R2SP1（64 位）
				CPU	Inter（R）Xeon（R）CPU E5520 2.27 GHz 16 核及以上
				网卡	千兆网卡
				内存	256 G
				硬盘	磁盘阵列 8 × SCIS 700 GB
				数据库	MongoDB（64 位），MySQL（64 位），Oracle（64 位）
2	应用服务器	8 台	分别用于运行项目综合管理系统、可视化云协同系统、三维看板系统、数字化工厂移交系统、生产运维系统、完整性管理系统、虚拟仿真培训系统和全文检索系统的数据库	操作系统	Windows Server 2008 R2SP1（64 位）
				CPU	Inter（R）Xeon（R）CPU E5520 2.27 GHz 16 核及以上
				网卡	千兆网卡
				内存	128 G
				硬盘	磁盘阵列 8 × SCIS 700 GB
				中间件	Apache（64 位），Apache Tomcat（64 位），WebLogic（64 位）
3	文件服务器	2 台	双机热备，用于备份项目综合管理系统、可视化云协同系统、三维看板系统、数字化工厂移交系统、生产运维系统、完整性管理系统、虚拟仿真培训系统的数据库	操作系统	Windows Server 2008 R2SP1（64 位）
				CPU	Inter（R）Xeon（R）CPU E5520 2.27 GHz 16 核及以上
				网卡	千兆网卡
				内存	64 G
				硬盘	磁盘阵列 8 × SCIS 2 TB

4.3.5　数据中心技术方案

1.数据库建设

为适应油气田地面工程数字化管理平台的使用要求，需搭建 SQL+NOSQL 的数据库模式，即关系型数据库与非关系型数据库结合的方式，这样既可确保数据库访问效率，又能保证数据库管理的灵活性。

2.硬件要求

数字化平台要求支持 200 用户同时在线。以每用户平均每分钟进行一次操作，每 5 次操作中有一次是大文件展示需求的请求，每 5 次请求中有一次千行以上数据库扫描的重载查询，突发并发请求是平均请求数的 5 倍，系统每分钟平均被访问 200 次，即每秒3.3 次请求，峰值每秒 16 次请求，亦即峰值存在每秒 3 次重载查询。系统需要支持每秒钟 3000 行以上数据库数据扫描的 IO 能力，考虑到数据库缓存的命中率可削减 40%的 IO 需求，假定每次数据命中需 3 次随机寻道，则系统所需的数据库随机寻道性能约 $3000 \times 60\% \times 3 = 5400$ 次随机 IOPS，做少量冗余让步可取 5000 随机 IOPS 来保障大部分时候的数据库查询响应性能足够。

考虑到采用虚拟化部署的便利，建议采购统一的存储，确保存储的总随机 IOPS 高于 5000（要考虑 Raid 的影响，比如 Raid5 采用减一法核算、Raid1 采用减半法核算 IOPS 指标）。

4.3.6　工程建设模式

根据油气田地面建设工程项目信息化建设的需要，我们可以采用成熟产品模式、定制开发模式或混合模式来进行系统建设，3 种方案的优缺点如表 4-9 所示。

表 4-9　建设模式优缺点对比

	成熟产品模式	定制开发模式	混合模式
优点	产品功能完整，实施周期短	按照用户的需求开发，可以完全符合用户当前的业务需求	同时兼有成熟产品模式和定制开发模式的优点
缺点	成熟产品都有固定的业务流，无法适应准噶尔盆地油气田地面建设工程的需要	需要重新梳理业务需求并进行开发，周期长且效果无法保证；一旦业务流程发生变化又需要开发进行调整	

4.4 系统设计

4.4.1 业务流程设计

在现有业务流程梳理与分析基础上，根据系统功能与技术方案，对现有业务流程进行优化和改进，设计未来业务流程。

在地面建设工程全生命周期过程中，不同的阶段不同的参与方的工作界面不尽相同，以下按阶段介绍各方的工作界面。

1. 可研阶段

可研阶段主要涉及的单位有建设单位、工程技术研究院。建设单位收到下达的产能任务后，通过项目综合管理平台委托工程技术研究院进行可行性研究，同时接收相关的资料。工程技术研究院基于内部的工程技术协同研究平台完成可研报告后上传到项目综合管理系统，相关的方案数据和资料移交到数字化工厂移交系统中（图4-23）。

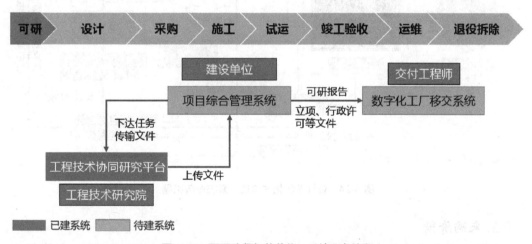

图4-23　可研阶段相关单位、系统业务流程

2. 设计阶段

设计阶段主要涉及的单位和部门有设计单位、建设单位、施工单位、概预算管理部、设备处等。

由设计单位完成各设计阶段（即30%、60%、90%设计阶段）后，将三维设计和二维设计的成果上传到可视化云协同系统中。建设单位和施工单位可以在协同系统中进行二维、三维审查工作，将审查过程中发现的问题和建议提交到系统中，并指定给设计单位相关人员处理，直到问题解决。

初步设计完成后的模型及其数据通过移交进入数字化移交系统，概预算部门可以在移交系统中获取石油安装工程量数据，这些数据由概预算部门上传到准噶尔盆地油气田工程造价管理信息系统中进行概预算的编制工作，最终概预算数据需要上传到项目综合管理系统中。此外设计单位还需将设备选型相关的技术文件上传到项目综合管理系统中，设备处和建设单位可以获取这些资料，以便进行设备选型审核工作，最终的结果文件保存到项目综合管理系统中，相关的资料文件需要移交到数字化工厂移交系统中。

在施工前，设计单位需要将施工交底涉及的文件、图纸等上传至项目综合管理系统，与建设单位、施工单位一起完成施工交底相关工作。设计相关的模型、数据和文件需要从协同系统和项目综合管理系统中移交至数字化工厂移交系统中（图4-24）。

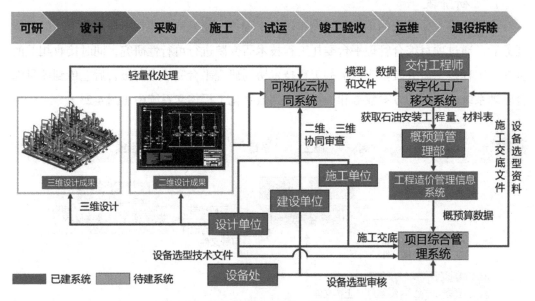

图4-24　设计阶段相关单位、系统业务流程

3. 采购阶段

采购阶段主要涉及的单位和部门有设计单位、建设单位、物资管理部、物资供应公司。

建设单位从移交系统中获取石油安装工程量和材料表，对两者进行对比审核，形成最终的采购工程量，并在勘探与生产系统ERP（D2）中进行采购申请。

物资管理部在接收到各单位提交的采购申请后，统一进行审核提交到中国石油物资采购管理信息系统（C1）中。

物资供应公司负责编制采购方案并经物资管理部审核后执行招标、签订合同、收货等工作。采购相关数据如合同、费用等需要上传到项目综合管理系统。

采购阶段中三维看板系统从移交系统中获取设计模型及其数据作为展示基础，从项目综合管理系统中获取采购进度数据，可以直观地看到采购进度，为后续的施工等工作提供决策依据。最终采购数据移交到数字化工厂移交系统中（图4-25）。

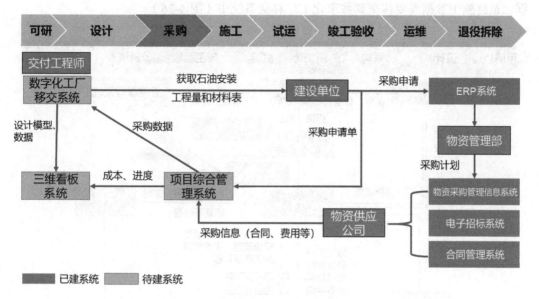

图4-25 采购阶段相关单位、系统业务流程

4. 施工阶段

施工阶段主要涉及的单位和部门有建设单位、施工单位、监理单位、设计单位和物资供应公司。

施工单位需要从项目综合管理系统中获取施工资料，并在系统中制订施工计划。施工单位可以获得的施工资料主要有两类：一是指导施工的方案文件，如施工图、施工方案，二是计划和要求的文件，如来自施工单位的二级计划节点完工时间。

施工单位获得二级计划后，可以进行计划分解，可以基于三级计划作业做派工单，施工进度可以通过执行反馈进行填报，系统自动计算施工进度。施工单位可以通过系统提供的联系单、签证，发起一次澄清或确认。施工单位可以通过系统提供的工程量确认申请，确认完成进度，然后申请进度款。

监理单位可以通过系统进行各种质量和安全的检查。可以通过系统发起联系单。可以提起问题，并要求整改。可以提交巡检日志。

设计单位可以通过系统提交方案和施工图，可以通过系统反馈施工现场提出的问题。设计单位可以通过现场工代提供的日志，了解现场状况。设计单位通过项目综合管理系统接收到施工单位提交的管段图后，在设计模型中增加焊口并进行编号，模型和数据需要重新输出后通过协同系统移交到数字化工厂移交系统中。由交付工程师负责将新增的焊口与施工单位提交后经监理审核过的焊口数据挂接。

施工阶段中三维看板系统从移交系统中获取设计模型及其数据作为展示基础，从项目综合管理系统中获取施工进度数据，可以直观地看到施工进度，为领导层提供决策依据。最终施工数据需要移交到数字化工厂移交系统中（图4-26）。

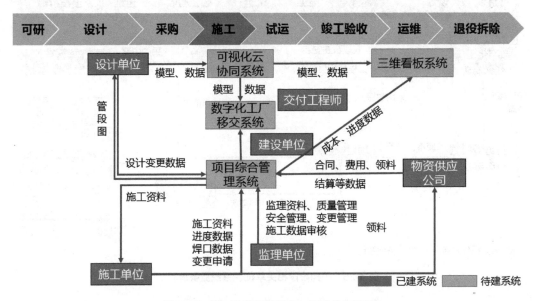

图4-26 施工阶段相关单位、系统业务流程

5. 试运阶段

试运阶段主要由试运单位编制试运方案，进入项目综合管理系统进行报审工作，由建设单位负责对试运方案进行审核。审核通过之后基于项目综合管理系统进行试运准备、试运过程记录，试运问题跟踪，定义试运行通过的准则，以及运行验收等工作，相关数据移交到数字化工厂移交系统中，由交付工程师负责整合。另外，生产单位也可以在试运阶段组织员工基于虚拟仿真培训系统进行投运前的工艺培训、消防演练等工作（图4-27）。

6. 竣工验收阶段

竣工验收阶段主要涉及的单位和部门有建设单位、设计单位、监理单位和施工单位，在此阶段中各方需要根据竣工验收规定将相关验收文件提交到项目综合管理系统中。通过验收后，竣工资料全部移交到数字化工厂移交系统中，其中电子扫描文件还需要通过接口传入中国石油档案管理系统（E6）中（图4-28）。

7. 运维阶段

运维阶段主要涉及的单位和部门有生产单位、建设单位和检测单位，相关的工作内容有5个部分：

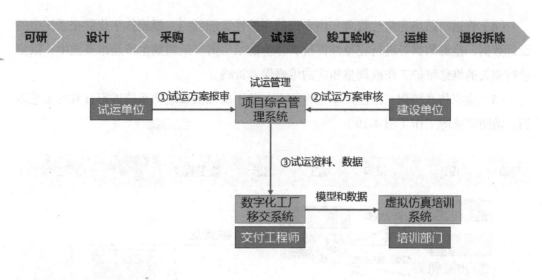

图 4-27　试运阶段相关单位、系统业务流程

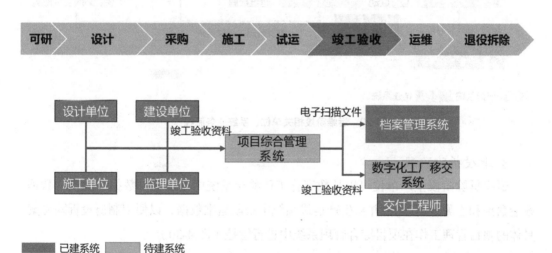

图 4-28　竣工验收阶段相关单位、系统业务流程

（1）生产运维：运维过程中的巡检、点检，工单，库存等管理工作由生产单位在生产运维系统中进行，通过三维看板系统可以将三维模型和 DCS 等集成在一起实现报警联动。

（2）改扩建：改扩建数据由建设单位负责，执行前面所述各个阶段的工作内容，最终数据录入到数字化工厂移交系统中，由交付工程师负责数据整合工作。

（3）检测：检测数据由检测单位提交，交付工程师负责校核后进入数字化工厂移交系统中。

（4）管道与站场完整性管理：由专门的完整性管理部门，根据数字化移交系统中的设计数据、检测数据等进行完整性评价，评价的结果需要反馈到生产运维系统中，以便进行相关的维修维护工作或调整相应的维修保养策略。

（5）虚拟仿真培训：由生产单位组织员工基于虚拟仿真培训系统进行日常的工艺培训、消防演练等工作（图 4-29）。

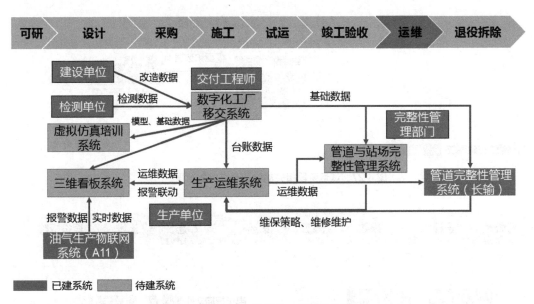

图 4-29　运维阶段相关单位、系统业务流程

8. 退役拆除阶段

退役拆除阶段生产单位可以从数字化工厂移交系统中获取基础数据（如设计数据、改造数据和检测数据等），并从生产运维系统中获取运维数据，以便编制退役拆除方案，具体的项目管理工作在项目综合管理系统中进行管控（图 4-30）。

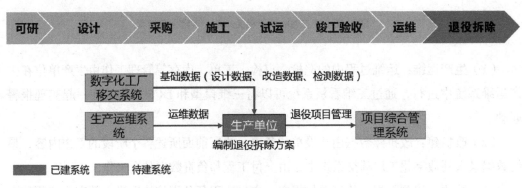

图 4-30　退役拆除阶段相关单位、系统业务流程

4.4.2 系统功能设计

1. 功能与业务对应关系

根据系统总体功能架构方案,对子系统(功能模块)进行编号,说明各子系统(功能模块)所覆盖的业务领域,以列表方式说明系统功能与业务的对应关系(表4-10)。

表4-10 功能分配

序号	模块名称	业务类别	使用部门或机构名称
1	项目综合管理系统	项目管理相关内容,如汇报、审批等	基建处、建设单位(各厂处项目部)、物资供应公司、其他参与方(设计单位、施工单位)
2	可视化云协同系统	模型审查	建设单位、设计单位、施工单位、概预算管理部
3	数字化工厂移交系统	数字化移交	数字化交付团队、各厂处运维部门
4	三维看板系统	汇总项目进度(成本、施工、采购等),集成三维报警工单等	数字化交付团队、建设单位、各厂处运维部门
5	生产运维系统	运维相关工作,台账、工单、巡检、库存、知识库等	各厂处运维部门
6	虚拟仿真培训系统	工艺模拟、应急演练	各厂处运维部门
7	完整性管理系统	完整性管理基础数据库,进行完整性分析	完整性管理部门

2. 子系统(模块)功能设计

1)项目综合管理系统

项目综合管理系统的功能至少包含文档管理、施工管理、质量管理和HSE管理4个模块,具体如表4-11所示。

表4-11 项目综合管理系统功能

功能名称	功能描述
文档管理	建立完整、统一的文档管理系统功能,并且根据业务需要,与费用管理、立项管理、合同管理、采购管理、HSE管理、质保管理等模块进行关联。在此模块中可以实现文档的上传下载、查阅修改、审批流转、跟踪记录等功能
施工管理	自项目施工准备至项目交工验收阶段现场施工生产的管理,主要以对施工过程中核心业务流为主。施工管理旨在通过规范的组织形式、手段和方法,协调解决对影响项目施工活动的各种问题,使施工生产组织活动在符合HSE、质量、进度、投资、合同、信息等控制目标要求的前提下,确保项目建设满足设计技术文件、法律、法规、施工规范和验收标准的要求,以保证建设工程项目各项管理目标持续、有序、高效地实现

续表

功能名称	功能描述
质量管理	包括质量管理策划、质量管理体系、过程质量管理、专业质量管理、质量监察和质量监督、统计分析等主要工作内容，实现对质量管理活动进行全过程的管理。为各个项目的质量管理提供统一的规范、标准和体系文件。保证公司的质量管理体系在各个职能部门和项目部的执行。同时汇总各个项目的质量管理数据，进行查询统计分析
HSE 管理	集中展示安全管理方面的各项规章制度、管理程序、标准等文档；审查承包商进场安全准备情况，了解承包单位在工程实施过程中涉及的各种安全事务，为安全监督做好准备；对现场安全检查和安全整改记录详细的信息，进行查询和统计。包括安全问题通知单、安全观察卡、文档管理、安全检查和整改、承办商管理和劳保用品管理

2）可视化云协同系统

可视化云协同系统应包含任务协同、文档管理、版本控制、计划管理、二维及三维审阅、文件关联、属性查看、消息管理等功能模块，具体功能如表 4-12 所示。

表 4-12　可视化云协同系统功能

功能名称	功能描述
任务协同	建立分发体系，允许将任务分配给其他用户，同时也可以将任务移交给其他用户，并进行状态跟踪直至任务关闭
文档管理	平台能提供项目文档和公司文档管理功能，所有文档需要先放入公司文档，然后经过审核批准后可以发布到项目文档中，以确保文档的正确性和唯一性
版本控制	平台提供文档版本控制功能，确保所有参与人员看到的是同一版本的文件，并能随时查看旧版本文档
计划管理	项目计划能由项目经理编制后作为任务分配给相关执行人去处理并进行持续跟踪
二维、三维审阅	平台能允许对三维模型和二维文件添加红线批注，增加评论并将评论转换成任务供设计人员修改模型或进一步沟通
文件关联	平台提供文件关联功能，可将文件关联到模型对象上，方便其他人员查询。可在项目进行过程中收集数据，为将来的数字化交接打下坚实的基础
属性查看	平台能够查看三维模型中储存的工程属性，所见即所得
消息管理	平台支持消息管理，包括计划进度、文档消息、工程协同消息。点击系统的相关标记，能弹出新的网页并进入消息中心。支持按照项目选择或者按照消息的状态筛选，支持批量操作

3）数字化工厂移交系统

数字化工厂移交系统应包含文档管理、版本控制、数据编辑与挂载、文件关联、检索查询、PBS 管理、类库管理等功能模块，具体功能如表 4-13 所示。

表 4-13　数字化工厂移交系统功能

功能名称	功能描述
文档管理	平台能提供项目文档和公司文档管理功能，所有文档需要先放入公司文档，然后经过审核批准后可以发布到项目文档中，以确保文档的正确性和唯一性
版本控制	平台提供文档版本控制功能，确保所有参与人员看到的是同一版本的文件，并能随时查看旧版本文档
数据编辑与挂载	用户可以对每个对象设置并增加资产类型及相应的属性集（设计信息、调试信息、施工信息、运维信息等）。对于大批量资产属性数据，可以通过导出 Excel 表单，在 Excel 中批量输入，然后使用再导入的方式来提高数据输入的效率
文件关联	平台能创建工程对象到文档图纸之间的关联，从三维模型导航到相应的图纸、资料或数据
检索查询	可以对工程对象、文档等进行精确的检索和查询操作
PBS 管理	可根据项目需求自行定义模型层次结构，用于重构模型；可自行创建一个 PBS 节点；可对已经创建的 PBS 节点进行编辑操作；可对已经创建的 PBS 节点进行删除操作；可对已经创建的 PBS 节点进行检索操作
类库管理	可以定义当前工厂相关的类，并指定其父类及相关属性，子类可以自动继承父类的属性

4）三维看板系统

三维看板系统应包含场景展示、虚拟环境巡检、自动监控报警、数据采集、语音播报等功能模块，具体功能如表 4-14 所示。

表 4-14　三维看板系统功能

功能名称	功能描述
场景展示	三维看板系统需将运维中需要重点关注的数据以仪表盘等方式动态展示，实时观察设备运行参数、水流量、水压力、环境温度、湿度等上千种参数的数值变化。通过模型与施工进度的集成，展示项目的施工进度，为领导层决策提供依据
虚拟环境巡检	三维看板系统能实现虚拟环境巡检功能，可使用阿凡达模拟巡检人员在 PIM/BIM 模型内模拟真实的路线行走进行巡检。查看安防系统内的任意监控视频，在极其节约人力成本的情况下仍然保证对每个角落都做到及时监控
自动监控报警	将模型、运维系统和油气生产物联网系统（A11）集成，通过采集 A11 系统传递的报警信息，自动跳转到模型位置，并在运维系统中创建工单，推送给相应的工作人员去处理，加快问题解决速度
数据采集	可采集如协同系统、移交系统、运维系统和油气生产物联网系统（A11）的数据
语音播报	当出现报警信息时，可自动根据配置好的参数进行语音播报

5）生产运维系统

生产运维系统应包含台账管理、报事报修、工单管理、设备设施维保、巡检管理、动态驾驶舱、知识库管理、绩效管理、报表报告安全管理等功能模块，具体功能如表4-15所示。

表 4-15 生产运维系统功能

功能名称	功能描述
台账管理	可以新增、编辑和删除设备信息，也可以查看设备的预警列表，并可通过与数字化移交系统接口获取设备档案信息
报事报修	员工可以通过 APP 端和管理平台进行报事报修的处理
工单管理	提供计划工单和临时工单的管理，提供工单抢派、调度、执行和回访及统计功能。通过移动工单的形式，由员工 APP 进行工单的流转和执行，大幅提升管理效率和精准度，降低了作业人员工作总量
设备设施维保	针对设备设施的定期日常维修保养提供管理，制订维修保养计划、派发维修保养工单并记录执行结果
巡检管理	通过设备台账维护建立的设备设施信息建立巡检计划，并可根据系统中的巡检计划生成巡检任务，当巡检任务完成时会反馈巡检结果给后台，生成巡检记录
动态驾驶舱	实时收集动态数据，根据用户关注点呈现感兴趣的信息
知识库管理	管理例行作业标准、历次故障的现象、分析出来的原因以及所做的处理办法
绩效管理	对员工的工作效率、休假、签到进行管理
报表报告	提供多种维度的明细表、统计分析报表
安全管理	实现站场双重预防机制

6）管道与站场完整性管理系统

管道与站场完整性管理系统应包含数据管理、数据系统接口、管道数据分析等功能模块，具体功能如表4-16所示。

表 4-16 管道与站场完整性管理系统功能

功能名称	功能描述
数据管理	数据管理功能，要能够完成管道设计、施工、运行管理数据的管理，所有数据储存在同一数据结构的数据库中，实现数据共享
数据系统接口	数据系统接口是完整性管理信息平台的可扩展性内容之一，在完整性管理平台建设过程中要考虑与各地区公司在建管道的接口预留，能与地区公司、地区公司各管道现有的监控与数字化移交系统、数据采集系统、生产运维管理系统以及其他系统进行接口
管道数据分析	数据分析功能是完整性管理系统的重要内容之一，要实现以下功能：①缺陷评价和寿命评估分析；②管道安全评价分析；③定量、定性风险分析；④内腐蚀（ICDA）评估；⑤外腐蚀（ECDA）评估；⑥其他评价

7）虚拟仿真培训系统

虚拟仿真培训系统应包含三维场景模拟、安全生产知识培训、典型工艺培训、隐患管理培训、应急演练培训、事故设置、角色设置、岗位协同等功能模块（表4-17）。

表4-17　虚拟仿真培训系统功能

功能名称	功能描述
三维场景模拟	建立真实的典型工艺场景，符合典型装置、生产现场、设备、工艺一体化呈现的原则，创建涵盖石油行业的采油采气、集输、油气处理、外输等工艺和炼化行业的典型装置的培训场景，展示采油采气井场→计量站→联合站（处理）→炼油厂典型生产工艺过程
安全生产知识培训	安全、应急、环保等知识库，可对学员进行国家有关法律法规、集团公司 HSE 管理体系及应急预案、应急管理专业知识、应急救援和应急响应知识、HSE 管理体系等方面的基础知识培训
典型工艺培训	针对油气田，利用 3D 仿真技术在三维虚拟场景中展现设备个体，同时真实形象地展示设备的基本信息、设备结构、工作原理、标准操作、故障分析、历史事故分析等内容
隐患管理培训	系统模拟人在回路的巡检状态，即员工在三维场景中进行巡检，发现教员预设置的相关安全隐患后，可对隐患进行标绘及隐患详情描述，同时通过系统进行隐患信息上报，分配相关人员进行隐患整改，系统保留隐患整改时间、整改人、整改方法及整改结果等。可对学员进行隐患处理流程、隐患处理方法等培训，便于学员在真正安全生产中优化隐患处理流程、方法，同时便于不同专业隐患整改经验的积累
应急演练培训	采用虚拟现实技术建立与实际相同的立体交互式环境，能够产生与实际现场相同的视觉和听觉感受，包括安全事故发生时的过程和各种现象（如设备运行状态、排液、排气、泄漏、着火、冒烟等），具有非常高的画面冲击力、强烈的浸没感和真实感。受训者置身其中如同身临其境，各受训者分别担任不同的岗位职责，可以像在真实环境下一样视、听并按预案进行分角色协同演练，与实际最为接近
事故设置模块	结合装置实际情况，设置如"火灾爆炸、中毒泄漏"等重大事故。同时可以设置事故背景、初次灾害状况、相关环境条件等，如：人员伤亡情况、类型及位置，装置生产状态，天气状况等
角色设置模块	根据需要设置各种角色组，每个角色组可以是 1 人或多人来完成自己角色组的任务
岗位协同模块	对各个角色组进行同步处理，包含信息同步、数据同步、语音同步等
训练操作模块	根据不同的角色任务，完成不同的训练控制与操作。各角色组可以按照指挥指令结合事故状况进行相应的处置方法选择与操作
过程记录模块	对整个操作过程进行记录。可记录操作动作和声音文字等全过程，以供讨论、评估时查询与回放
结果评估模块	统计指挥演练结果，如事件控制时间、出动了多少资源、人员伤亡情况、物料损失情况等

4.4.3 运行环境设计

1. 网络需求设计

油气田地面工程数字化管理平台涉及的单位众多，系统内的单位如基本建设工程处、工程技术研究院、建设单位、概预算管理部、物资管理部、物资供应公司、设备处、档案中心等，工程项目各参建方如设计单位、施工单位、监理单位等，因此对网络的要求比较高，目前已实现机关、各厂处、作业区的千兆网络接入，能够满足数字化管理平台的日常网络要求。

2. 客户端设计

为适应新技术的需要，客户端硬件配置如表 4-18 所示。

表 4-18　客户端硬件配置

类别	推荐配置
操作系统	推荐 64 位 Windows 7 SP1 及其以后版本或 Windows 10
CPU	Intel CoreI5 3.2 G 及以上
网卡	最低百兆网卡，推荐千兆网卡
显卡	独立显卡，2 G 显存及以上
内存	最低 DDR3，4 G；推荐 DDR4，8 G 及以上
硬盘	500 G 及以上
浏览器	IE 11 及以上版本，Chrome 50 及以上版本浏览器，推荐使用最新版本

5

地面工程数字化平台建设

　　数字油气田已经成为石油企业的未来发展趋势，我国以数字油气田为内容的油气田信息化建设也再次急剧升温。纵观国内外数字油气田的建设，不管从技术还是管理的层面上看，都还存在不少难题，尤其是业务流程革新、多元异构数据整合以及专业技术软件开发将在相当长一段时间内困扰数字油气田的发展。油气工业的各种工作流程和不同领域活动所采用的技术与地下油藏、油井生产监控和地面控制系统的数据流整合在一起更是一个极大的挑战。

　　在我国数字油气田的发展过程中，应该明确数字油气田的内涵与意义；正确判断现有管理体制与数字油气田理念之间存在的各种矛盾；继续推动技术进步，满足生产实践和数字油气田建设需求；加强跨学科和具有综合分析能力人才的培训，为我国数字油气田的建设打下扎实的基础。

　　为解决以上问题，公司于2017年开始制定《油气田地面工程数字化管理平台研发可行性研究》，以评估油气田公司管理的成熟度以及现有参与单位的信息化现状能否达到平台建设的最低要求，理清平台的功能边界，防止系统的重复建设。在项目建设中，不断深化和完善项目流程管控、数据可视化、竣工电子归档的实时交付模式，形成了"一个中心、两大体系、七大系统"的地面建设工程数字化管理平台。

　　通过建设油气田地面工程数字化管理平台，可以打破传统基建期、运维期各组织、各专业信息平台孤立的局面，为地面建设、油气运输以及勘探开发等方面做好数据共享的准备，通过应用先进的互联网、物联网、大数据以及云计算等技术，整合油气田地面建设资源、优化油气田地面建设业务流程和信息，为工程建设管理人员提供及时、有效的数据，使油气田地面建设工程更加有效、规范、迅速和系统，同时通过数字化移交为生产单位的各种生产系统（例如生产运维系统、管道完整性管理系统）提供基础数据，提高运维效率及生产安全，真正实现数据的全生命周期流转和使用。

平台建设需要考虑到公司内部的单位和部门，如基本建设工程处、科技信息处、工程技术研究院、建设单位、概预算管理部、物资管理部、物资供应公司、设备处、档案中心等的需求，还需要考虑工程项目各参建方如设计单位、施工单位、监理单位等的需求。

为此，需要在梳理各自业务体系的业务流程基础上，搭建出数字化平台框架，并建立起不同业务流程的独立模块，形成完整的、适用的数字化平台。

5.1 软件包实施方法

油气田地面工程数字化管理平台实施将包含成熟软件包的实施和定制应用的开发。项目涉及面广、内容多，需要采用一套成熟的项目实施方法论来支持数字化管理平台的实施。

（1）在企业内部运用一致的和有序的软件包实施步骤，以提高项目实施效率和效益。

（2）有效地监督和控制项目进度，有效地利用项目中的资源，以保证项目的经济和高效。

（3）通过运用方法论，完成一个高质量的项目实施，使项目中的错误减至最少，同时保证项目能很快适应业务的变更并及时进行调整。

（4）此外，方法论也提供了对每个步骤如何完成的基本指导。

成熟的项目方法论一般包含了四大步骤。推荐的实施方法论对于油气田地面工程数字化管理平台这样大型项目是能够重复使用的（图5-1）。

（1）分析阶段：分析阶段的首要任务是通过不同的方法对企业进行不同角度的分析，以便能够更具体地确定该项目应该做什么以及如何做得更好。

（2）设计阶段：设计阶段的主要任务是通过使用一系列技术，将分析阶段的成果转化成详细的、如何达成需求的描述。该阶段的重点是如何进行软件包的原形设计，即如何将软件包的功能与企业的业务需求联系起来，以保证系统的成功实施。企业的许多改进机会，例如改善原有的工作流、重新考虑组织结构和职责分配、改善报表结构等，往往都是在实施新软件系统时同时考虑的。因此，设计阶段可说是整个实施方法论的核心环节。

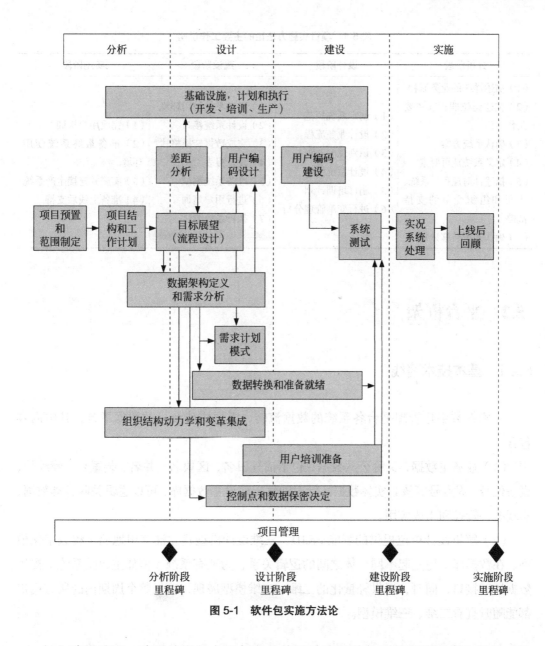

图 5-1 软件包实施方法论

（3）建设阶段：建设阶段的主要任务是将设计阶段的任务扩展到程序和软件工具级，或称为软件客户化过程。同时建设阶段也开始考虑具体的技术架构平台，包括具体的逻辑架构和物理架构。建设阶段的任务还包括准备用户文档和培训。

（4）实施阶段：在实施阶段，项目的各个组成部分，包括软件包、软件的客户化部分、系统平台、基础数据、设备和网络等，最终都将被组合成一个完整的系统，并针对整个系统的整合性和性能采取最完整的测试和调整。该阶段的任务也包括整体的成果综合、文档整理、用户培训和用户接受度测试等（表 5-1）。

表 5-1 项目实施方法论的主要工作说明

分析阶段	设计阶段	建设阶段	实施阶段
（1）描述详细的业务流程 （2）描述岗位职责和主要工作 （3）确认系统方案 （4）定义系统认可要素 （5）描述针对流程、系统、人员和组织变革的支持战略 （6）确认知识转移计划	（1）制定系统规范 （2）设计业务流程 （3）识别现况差距 （4）设计系统模型 （5）制订培训计划 （6）进行变革管理分析	（1）准备系统使用环境 （2）设计系统接口 （3）完成数据转换格式 （4）设计报表 （5）准备系统测试 （6）进行用户培训 （7）执行系统测试	（1）完成用户培训 （2）准备最终系统使用环境 （3）实施并连接生产系统 （4）准备上线后支持

5.2 平台框架

5.2.1 基本技术路线

为确保数字化管理平台各系统的数据流转，需要搭建统一的数据平台，其中内容包含：

（1）业务主数据，又称公共数据，包括油气田名、区块名、井名、装置号、管线号、设备位号、焊点号等核心实体数据。针对油气田建设主数据库，可以逻辑关联各类数据，实现统一管控和集成应用。

（2）解析设计单位提供的智能 P&ID、三维设计模型建立油气田地面工程数字化模型、在数据库中建立起不同个体之间的逻辑关系、为现有系统（例如主数据系统）提供数据访问接口，同时，提供轻量化的二维、三维模型展现，确保整个周期内的所有用户都能随时查看二维、三维模型。

5.2.2 架构及需求评估

1. 数据采集需求

油气田管道及站场完整性管理，无论完整性数据库的建设还是数据更新、获取评估参数等工作，离不开与关联系统的数据对接。目前主要的相关系统包括 A4 地理信息系统、A5 采油与地面工程运行管理系统、A11 物联网系统，ERP 和专用检测评价软件也需要有一定的数据对接。

为实现数据在各系统间的采集，完整性管理系统需要有相对通用的数据导入格式适应能力。为了方便数据的生成和格式的处理，需要采用 Excel 格式来完成主要数据的导入。

2. 数据库需求

为适应油气田地面工程数字化管理平台的使用要求，需搭建 SQL+NOSQL 的数据库模式，即关系型数据库与非关系型数据库结合的方式，这样既可确保数据库访问效率，又能保证数据库管理的灵活性。

数据管理功能，要能够完成管道设计、施工、运行管理数据的管理，所有数据储存在同一数据结构的数据库中，实现数据共享。数据系统应包括但不限于以下功能模块：

（1）本地管理系统：数据输入、地图维护、数据维护、统计分析、图形与参数对照图、GPS 车辆管理系统、模糊查询、安全评价、风险评估、完整性管理、应急指挥、输出模块、系统管理、用户管理等。

（2）数据 WEB 系统：信息发布（包括报表）、查询、数据收集等。

3. 架构方案

数据系统接口是完整性管理信息平台的可扩展性内容之一，在完整性管理平台建设过程中要考虑与各地区公司在建管道的接口预留，能与地区公司、地区公司各管道现有的监控与数据采集系统（SCADA）、生产运维管理系统（EAM）以及其他系统进行接口。

管道的地理信息数据、管道的基础数据、管道的完整性评价数据，这三类数据构成了完整性管理信息平台系统数据库的基本要素，这三类数据最终要将管道的地理信息数据、管道的基础数据分类、整合为管道完整性评价所需数据，按照完整性评价的需求，将前两类数据自动分类和补充。

数据的分析功能是完整性管理系统的重要内容之一，要实现以下功能：①缺陷评价和寿命评估分析；②管道安全评价分析；③定量、定性风险分析；④内腐蚀（ICDA）评估；⑤外腐蚀（ECDA）评估；⑥其他评价。

4. 建设内容

数字化工厂涉及的业务内容与业务流程主要为：

（1）规划阶段的协同、审查与移交的业务的相关流程。

（2）设计阶段的协同、审查与移交的业务的相关流程。

（3）采购阶段的协同、审核与移交的业务的相关流程。

（4）施工监理阶段的协同、审核与移交的业务的相关流程。

（5）试运阶段的协同、审核与移交的业务的相关流程。

（6）运维阶段的相关业务及流程。

5. 平台建设需求

结合油气田实际情况、国内外行业经验以及主要软件供应商的解决方案，梳理出数字化管理平台功能模块的主要需求有以下 7 个部分：

（1）项目综合管理系统。建设文档管理、质量管理、HSE 管理和施工管理等模块，实现数据流通。

（2）可视化云协同系统。实现多方（设计方、施工方、采购方、设备厂商、作业区、基建处等单位）信息共享，支持在线协同和审查。

（3）数字化工厂移交系统。

（4）三维看板系统。实现建设期的项目管理、工地管理、运维管理、数据监控等多种业务场景的"可视化＋"升级。

（5）生产运维系统。保障设备、管道的可靠运行，提升设备、管道寿命，降低保养的物料和人力成本。

（6）完整性管理系统。提供完整性数据库、完整性数据库数据收集工具等功能模块。

（7）虚拟仿真培训系统。模拟企业典型生产工艺的真实现场环境。

6. 功能框架

根据对油气田地面工程数字化管理平台的需求调研分析，形成了"一个中心、两大体系、七大系统"总体功能框架，如图 5-2 所示。其中"两大体系"包含标准体系和安全体系，"一个中心"是指统一的数据中心。

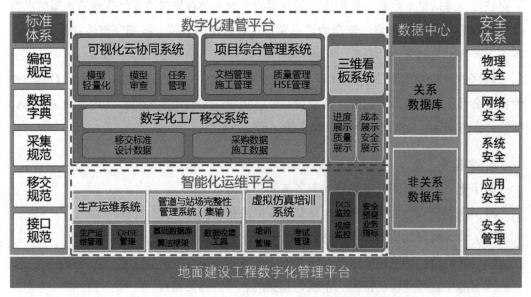

图 5-2　油气田地面工程数字化管理平台总体功能框架图

7. 设计原则

1）统一性原则

统一性原则具体体现为：统一规划、统一标准、统一平台、统一管理等。对于油气田这样作业区分布广泛、业务复杂的大型公司，只有保证统一性才能真正发挥数字化管理平台的优势，保证数字化管理平台实施的整体效益。

2）先进性原则

数字化管理平台的方案设计将尽可能参照最新的数字化管理平台发展的成果，从整体上体现方案的先进性。数字化管理平台的实施不只是一个技术问题，更重要的是会涉及组织协调和标准化。

3）实用性和可操作性

实用性指设计的方案符合油气田的实际情况。可操作性指方案的设计充分考虑了油气田目前的人力资源、经验和能力，能够让先进的技术方案真正为油气田所用。

4）灵活性和适用性

数字化管理平台的技术正在不断发展和成熟中，油气田的改革也在不断进行中，数字化管理平台的方案和实施计划必须体现一定的灵活性和广泛适用性。

5）经济性原则

数字化管理平台方案将充分考虑避免国外石油公司走过的弯路，力求借助于成熟的方法以较少的投资获得较高的效益。

5.2.3　平台系统组成

结合油气田实际情况、国内外行业经验，以及主要软件供应商的解决方案，将数字化管理平台功能模块划分为 7 大应用系统：

（1）项目综合管理系统。主要是建设文档管理、质量管理、HSE 管理和施工管理等模块，同时接入现有系统的数据，以实现数据流通。

（2）可视化云协同系统。实现多方（设计方、施工方、采购方、设备厂商、作业区、基建处等单位）共享的信息可在该平台上进行快速查阅和审查，支持多参与方基于云模式进行二维、三维内容的在线协同和审查。

（3）数字化工厂移交系统。在设计、采购、施工、监理、试运等阶段，通过与各系统的接口收集完整的数字化可视化信息，对各阶段资料进行数字化移交，最终成果作为数字化工厂运维的基础。

（4）三维看板系统。利用三维模型与各系统接入的数据，除实现建设期的项目管理、工地管理外，还可实现运维管理、数据监控等多种业务场景的"可视化＋"升级，助力管理层决策。

（5）生产运维系统。保障设备、管道的可靠运行，提升设备、管道寿命，降低保养的物料和人力成本，降低故障率，减少故障和计划维保导致停车带来的损失，助力产能提升。

（6）完整性管理系统。提供完整性数据库、完整性数据库数据收集工具、完整性评估算法运行框架、传统完整性评估算法等功能模块。在完整性管理系统建设过程中，将考虑完成完整性数据库主库结构及数据收集工具建设，完成完整性管理数据库中基本信息数据的初始化，提供完整性评估算法运行框架建设。

（7）虚拟仿真培训系统。用于最大限度地模拟准噶尔盆地油气田企业典型生产工艺的真实现场环境，通过人机交互式的培训模式，使生产人员及管理人员、应急救援人员能够将可视化参与到安全生产培训和应急演练过程当中，并能够模拟各级人员进行相关应急联动。

5.2.4　平台及相关软件

通过建设油气田地面工程数字化管理平台，打破传统基建期、运维期各组织各专业信息平台孤立的局面，为地面建设、油气运输及勘探开发等做好数据共享的准备，通过应用先进的互联网、物联网、大数据以及云计算等技术，整合油气田地面建设资源、优化油气田地面建设业务流程和信息，为工程建设管理人员提供及时、有效的数据，使油气田地面建设工程更加有效、规范、迅速和系统，同时通过数字化移交为生产单位的各种生产系统（例如生产运维系统、管道完整性管理系统）提供基础数据，提高运维效率及生产安全，真正实现数据的全生命周期流转和使用。

1. 实现目标

（1）实现油气田地面建设工程项目各阶段管理业务流程的最优化和科学化，有效提高工作效率，降低成本。

（2）实现油气田地面建设工程基础数据采集自动化，业务数据信息传递网络化，提高数据的及时性、完整性和准确性，为领导决策提供有力的数据支持。

（3）实现油气田地面建设工程基础数据的采集和整合，提高数据的利用价值，减少由于数据无法利用导致的成本。

（4）实现油气田地面建设工程的数字化运维，加强运维安全管理，提高运维效率，提高设备寿命。

2. 应用软件

本系统建设时将使用 B/S 加 C/S 的混合模式进行建设，主流的应用软件产品如表 5-2 所示。

表 5-2　主流应用软件产品表

系统	采用产品	功能架构
项目综合管理系统	PIMCenter PPM	采用 B/S 架构，同时有移动端。功能涵盖工程项目管理的全生命周期、全管理层级和全专业要素，如（包括但不限于）：进度控制、投资控制、合同控制、质量管理、HSE 管理、文档管理、风险管理、设计管理、物资采购管理、施工管理、生产准备、综合管理和党群工作等 注重的是通过内置强大的工作流程引擎、表单、成本分析等功能，方便用户进行项目全生命周期管控
可视化云协同系统	PIMCenter MDC	采用 B/S 架构，通过 eZWalker 轻量化模型。可实现在线的二维、三维协同审查，并可跟踪任务直到任务关闭。实现对设计阶段质量的把控，减少施工返工，从而减少成本，缩短工期
数字化工厂移交系统	PIMCenter Handover	采用 B/S 架构。实现建设期模型、文件和数据的有机整合，形成数字化工厂基础数据库，为后续的数字化运维提供基础数据。通过 eZWalker 可以支持市场上常见的三维模型格式，如剑维的 PDMS、鹰图的 Smart3D 等
三维看板系统	PIMCenter Insight	采用混合架构，用于调用三维模型，与计划、进度、成本、监控信息等进行集成，提供二维、三维的展示方式，为决策层提供决策依据。通过与监控和运维系统的集成，可实现报警自动生成工单等功能
生产运维系统	PIMCenter APM	采用 B/S 架构，结合移动端，可实现保障设备、管道的可靠运行，提升设备、管道寿命，降低保养的物料和人力成本，降低故障率，减少故障和计划维保导致停车带来的损失

5.3　可视化云协同系统

5.3.1　业务分析

传统方式中，设计方、施工方、业主等项目相关人员无法实现跨部门的云协同工作，不同角色的项目人员都无法在线进行二维、三维模型和文件的审查工作。

1. 无法进行任务协同

通过线下方式汇总各方对设计图纸、模型等的问题，将相关收集的问题发给设计方进行整改，下次再核查。这种方式无法及时跟踪相关问题的解决进展情况，无法形成一个闭环的操作。

2. 无法实现设计方文档协同

设计方设计图纸在不断升版，通过线下腾讯通、即时通信软件、邮件等与业主方、施工方、监理方等进行沟通，但各方信息不对称，造成时间、成本的浪费。

3. 无法查看计划

项目计划由项目经理编制后作为任务分配给相关执行人去处理，无法及时跟进。

4. 无法进行二维、三维审阅

三维模型格式种类多且需要设计方提供专业的软件打开查看，业主无法打开查看；二维图纸需打印出来，在图纸上进行批注；导致业主方、设计方、施工方等只能集中办公进行会审，相关问题只能用文字进行说明，无法形象地进行说明，沟通时间拉长，项目时间成本增加，设计进展无法及时获取。

5.3.2　模块功能

建立多方可视化云协同系统，为设计方、施工方、业主等项目相关人员提供一个全新的跨部门的协同审查工作平台，不同角色的项目人员都可以在此平台无障碍地直观获取和处理各种项目信息。无论在办公室、加工车间或施工现场，项目参与各方均可获得最新的项目信息以及同步进行的团队合作。

1. 多专业模型格式识别

项目设计过程中，涉及多个专业，不同平台的设计软件如何保证多种数据格式在同一平台上得以展现。

2. 三维文件的轻量化处理

设计文件往往都比较大，需要通过轻量化技术让模型的体量变小，并实现在后续的协同校审、数字化移交以及运维过程中的顺畅浏览、查看等操作。

3. 在线协同审查

在以往的审查过程中，通常只是对施工图进行审查，审查单位只有设计、审计、使用等单位参与进行，施工单位一般不参与审查，所以在后续施工时有些地方无法施工。在线协同审查功能可以实现在线审查模型和图纸，同时也可以邀请施工单位参加模型和图纸的审查，施工单位可以结合自身的工作经验，提出建设性的意见，从而完善模型和图纸，提高其可操作性，提高校审的工作效率，保证设计成果交付。

4. 文件版本控制

项目审查过程中，模型会不断地进行升版操作，平台如何保证对模型版本进行控制，并实现不同版本之间的追溯。

5. 文件关联

协同平台需要支持将相关资料上传上来，并实现资料与模型之间的关联，方便设计审查及后续数字化移交工作，其功能如表 5-3 所示。

表 5-3　可视化云协同系统功能清单

功能名称	功能描述
任务协同	建立分发体系，允许将任务分配给其他用户，同时也可以将任务移交给其他用户，并进行状态跟踪直至任务关闭
文档管理	平台能提供项目文档和公司文档管理功能，所有文档需要先放入到公司文档，然后经过审核批准后可以发布到项目文档中，以确保文档的正确性和唯一性
版本控制	平台提供文档版本控制功能，确保所有参与人员看到的是同一版本的文档，并能随时查看旧有版本文档
计划管理	项目计划能由项目经理编制后作为任务分配给相关执行人去处理并进行持续跟踪
二维、三维审阅	平台能允许对三维模型和二维文件添加红线批注，增加评论并将评论转换成任务，以供设计人员修改模型或进一步沟通
文件关联	平台提供文件关联功能，可将文件关联到模型对象上，方便其他人员查询。可实现在项目进行过程中收集数据，为将来的数字化移交打下坚实的基础
属性查看	平台能够查看三维模型中储存的工程属性，所见即所得
消息管理	平台支持需支持消息管理，消息包括计划进度、文档消息和工程协同消息。点击系统的相关标记，能弹出新的网页并进入消息中心。支持按照项目来选择或者消息的状态来筛选，支持批量操作

5.4　项目管理系统

5.4.1　业务分析

在社会经济高速发展的背景下，油气田企业得到了快速发展，但是油气田企业之间的竞争愈演愈烈，油气田企业要提升地面建设工程的效率与质量，才能在市场竞争中具有一定的优势。传统的油气田地面工程系统无法满足油气田企业实际发展需求，在信息技术广泛应用的信息化时代，油气田企业实现油气田地面工程信息化显得十分重要。油气田地面工程实现信息化，能够有效提升地面工作效率，便于充分发挥地面工程的指挥作用，从而有助于提升地面建设工程的效率与质量。

油气田地面工程涉及众多子工程，并且每一个子工程管理系统都存在差异，所负责的管理区域以及任务是完全不同的。但是所有的子工程并不能加以分离，应作为一个整体而存在，只有实现地面工程管理子系统的统一管理，才能有效提升管理水平，从而有助于实现油气田地面高质量管理的总目标。

油气田地面工程项目综合管理系统的应用，将有效提升管理水平，有助于促进建设效率与质量的提升。油气田地面工程项目综合管理系统的应用主要具有经济价值和社会价值：

（1）经济价值。通过信息化管理，能够促进地面工程效能的充分发挥，有助于提升地面工程的协同效率，基于项目综合管理系统的电子档案管理，资料在线生成，审批可追溯，并自动推送至数字化移交系统，实现归档资料自动采集、组卷、校验、移交的全过程，形成公司级知识库。节省了资料整理人力投入，避免了线下资料归档不全、延时、组卷错误等问题。

（2）社会价值。通过全面的油气田地面工程信息化建设，能够提升油气田的社会效益，促使油气田为社会提供更多的产品与优质服务，便于油气田延伸发展，有助于促进社会的建设与发展。

综上所述，随着我国社会经济的迅速发展，油气田企业提升油气田地面工程的有效管理显得十分重要，其主要原因在于油气田地面工程管理水平直接关系到油气田的开采效率与质量。在信息技术广泛应用的信息化时代，油气田地面工程就有必要实现信息化管理。通过建设油气田地面工程项目综合管理系统，将可视化云协同系统和数字化移交系统等进行有效整合，有助于实现统一管理，提高管理水平与质量，为油气田开采效率与质量的提高奠定了良好的基础。

5.4.2 模块功能

项目综合管理系统将包含文档管理、施工管理、质量管理和 HSE 管理等功能模块。

1. 文档管理

文档管理在信息系统建设中是不可或缺的。此模块可以建立完整、统一的文档管理系统功能，并且根据业务需要，与费用管理、立项管理、合同管理、采购管理、HSE 管理、质保管理等模块进行关联。在此模块中可以实现文档的上传下载、查阅修改、审批流转、跟踪记录等功能。

2. 施工管理

施工管理主要是自项目施工准备至项目交工验收阶段现场施工生产的管理，主要以施工过程中核心业务流为主。施工管理旨在通过规范的组织形式、手段和方法，协调解决对影响项目施工活动的各种问题，使施工生产组织活动在符合 HSE、质量、进度、投资、合同、信息等控制目标要求的前提下，确保项目建设满足设计技术文件、法律、法规、施工规范和验收标准的要求，以保证建设工程项目各项管理目标持续、有序、高效的实现。

3. 质量管理

质量管理是指工程项目从项目可研到项目竣工验收全生命周期内全面的质量控制和管理，包括质量管理策划、质量管理体系、过程质量管理、专业质量管理、质量监察和质量监督等主要工作内容。

4. HSE 管理

对于任何公司而言，HSE 方针都是"安全第一，预防为主；全员动手，综合治理；改善环境，保护健康；科学管理，持续发展"。

HSE 目标是"追求最大限度的不发生事故、不损害人身健康、不破坏环境，创国际一流的 HSE 业绩"。

HSE 管理人员进行从项目立项至验收阶段的全过程危险预防与管理措施的审查工作，确保工程项目本质安全。通过强化施工现场的 HSE 管理，及时消除各种隐患，为施工现场的人员人身安全及健康提供保障。

HSE 管理主要进行从项目立项至验收阶段的全过程危险预防与管理措施的审查工作，确保工程项目本质安全。通过强化施工现场的 HSE 管理，及时消除各种隐患，为项目周围环境、项目参建人员的人身安全及健康提供保障。HSE 管理主要包括：安全检查、安全整改、整改执行情况、统计分析、形成新的管理规定等闭环管理过程。

除以上功能模块外，目前准噶尔盆地油气田地面建设工程各参与方已经有一些内部的系统在运行，因此还要考虑与这些系统的集成方式。常规的方式是通过接口从其他系统中获取数据，并将数据推送到其他系统中。

5.5 数字化移交系统

5.5.1 业务分析

设计方、施工方、调试方等已经将需要移交的数据存储于可视化云协同系统中，协同工作的过程也是数据收集的过程。因此，不再需要专门针对数字化移交进行数据收集、整理和录入进行工作，只需要按照业主的要求，从可视化云协同系统中抽取出相关的内容实现从总承包商到业主的有序移交。这样，将为业主提供完善的数据质量的检查，以确保提交的数据的完整性、正确性及一致性，而且数据的状态及关联性也被完整地保存。数字化工厂移交系统需提供一个数字化工厂的全貌，将工程的设计、工厂的施工及营运等阶段的信息都完整地记录起来。同时，业主使用数字化工厂移交系统模块能接收数据，无须依赖工程各参与方的专有应用系统，实现对工厂数据的检索、查询和利用，并实现和第三方运维系统的对接。

1. 二维文档格式发布及浏览

对常见的二维文档格式（例如：PDF、Office 系列、BMP、TXT 等）采用统一的二维图纸浏览器在网页上浏览。查看过程中，可以对模型实现旋转、缩放、平移等操作。

2. 文件存储和模型浏览结构

数字化移交平台的初始阶段需以电子文件的形式收集数据，后期还需整合移动端数据，设备实时传输数据到平台中。系统能提供与 Windows 系统文件夹类似的文件存储结构，能建立文件组织结构，能上传三维模型和二维文档到数字化移交平台。如果上传同名文件，能自动提示是否升级版本，还可以查看文件的历史版本。此外，用户能根据需要将模型文件重新组合创建新的模型浏览结构，按照工艺系统或按空间结构的方式，以及二者结合的方式查看三维模型。

3. 数据编辑与挂载

原始三维模型导入系统后，自动带有工程设计阶段的相关属性信息，但作为数字化移交来说，这些信息还远远不够，需要增加更多对业主有用的信息，例如采购信息（物资信息）、施工信息、安装调试信息等。在数字化工厂移交系统中，用户可以对每个对象设置并增加资产类型及相应的属性集（设计信息、调试信息、施工信息、运维信息等）。对于大批量资产属性数据，可以通过导出 Excel 表单，在 Excel 中批量输入，然后再导入的方式来提高数据输入的效率。对于后期临时补充或更新属性的情况，可通过平台模型手动录入。首先选择对象，指定资产类型例如普通阀门，自动将阀门对象属性集与所选对象关联起来。

4. 工程对象与文档图纸数据关联

平台能创建工程对象到文档图纸之间的关联，从三维模型导航到相应的图纸、资料或数据。

5. 智能 P&ID 与三维模型之间的二维、三维数据关联

能够实现智能 P&ID 与三维模型之间的二维、三维互动浏览。通过在智能 P&ID 图中选择一个对象，能够快速定位到三维模型中。

6. 检索查询功能

可以对设备、文档及测点进行精确的检索查询操作。

7. PBS 管理

可根据项目需求自行定义模型层次结构，用于重构模型；可自行创建一个 PBS 节点；可对已经创建的 PBS 节点进行编辑操作；可对已经创建的 PBS 节点进行删除操作；可对已经创建的 PBS 节点进行检索操作。

8. 文件管理

文件管理需有如下功能：单个文件上传、文件预览、文件维护、文件删除、批量上传文件、文件升级、文件历史版本、文件检索、文件回收。

9. 数据管理

可以对模型中的对象的详情进行查看、可查看焊缝检测报告、可编辑模型对象、可删除模型对象、可对模型对象进行简单检索或者高级检索。对模型对象数据进行关联操作，关联操作方式提供多样化，支持自动批量关联或者手动批量进行关联等。

10. 类库管理

可以定义当前工厂相关的类，并指定其父类及相关属性，子类可以自动继承父类的属性；集成常见国内外和行业的类库标准。

5.5.2　模块功能

数字化移交，也称为数字化交付，用于将流程工厂（石油、化工等工厂）在建设期的设计成品数据、采购数据、施工数据、调试数据等以数据仓库的方式移交给业主；移交内容的形式包括二维图纸、三维模型、属性数据、电子表格以及多媒体资料等。数字化交付同时还需要提供一个内容存储平台，用于数据的存储、二维和三维文件的展现、数据查询以及与第三方系统集成等。

随着互联网和信息技术的发展，目前传统蓝图提交方式已不能适应行业信息化发展的要求，推行设计文件数字化交付是油气田行业发展的方向。数字化交付是贯通工程项目全生命期信息共享和行业管理的关键，将彻底解决原有蓝图审查、施工、归档方式存

在的沟通共享效率低、图纸不一致等问题。

通过建设期所有重要数据文件的整理和移交，业主能以三维模型为核心，以可视化的方式查看和检索设备全生命周期的相关资料，涵盖设计、采购、安装和试车等各个阶段；通过数字化移交，实现工厂隐蔽工程管理，简化运营方日常维护工作难度；与DCS/FGS 等系统结合，将生产数据接入平台，给业主提供整套完整性管理方案。

数字化移交系统应当包含如下功能：

（1）符合 ISO 15926 标准要求：为了将来更好地管理和运作设施站场，各参与方需提供二维图纸的同时提供三维模型及其相关数据。这些数据则按 ISO 15926 的标准要求保存到数字化工厂移交系统中。

（2）具备工程数据解析能力：各设计方使用的三维设计软件不尽相同，数字化工厂移交系统需要具体解析这些模型的能力，避免由于软件不同出现要使用不同工具的问题。

（3）具备大数据存储能力：油气田地面建设工程项目在建设过程中会产生大量的文件和数据，移交系统需要具备大数据存储能力，以便在接收了大量的文件和数据后仍能顺畅运行系统。

（4）支持工程模型轻量化：设计院设计的三维模型一般都比较大，对计算机的要求也更高，不利于其他方的使用，因此需要对这些三维模型进行轻量化处理，以降低存储空间，降低对计算机的性能要求。

（5）支持从协同系统中承接数据：在项目的建设过程中会产生大量的文件、模型和数据，这些数据如果保存在协同系统中，则应当考虑从协同系统中承接数据，而不是人工重复录入。

数字化移交的主要功能清单如表 5-4 所示。

表 5-4　数字化移交系统功能清单

功能名称	功能描述
文档管理	平台能提供项目文档和公司文档管理功能，所有文档需要先放入到公司文档，然后经过审核批准后可以发布到项目文档中，确保文档的正确性和唯一性
版本控制	平台提供文档版本控制功能，确保所有参与人员看到的是同一版本的文档，并能随时查看旧有版本文档
数据编辑与挂载	用户可以对每个对象设置并增加资产类型及相应的属性集（设计信息、调试信息、施工信息，运维信息等）。对于大批量资产属性数据，可以通过导出 Excel 表单，在 Excel 中批量输入，然后再导入的方式来提高数据输入的效率
文件关联	平台能创建工程对象到文档图纸之间的关联，从三维模型导航到相应的图纸、资料或数据

功能名称	功能描述
检索查询	可以对工程对象、文档等进行精确的检索查询操作
PBS 管理	可根据项目需求自行定义模型层次结构,用于重构模型。可自行创建一个 PBS 节点。可对已经创建的 PBS 节点进行编辑操作。可对已经创建的 PBS 节点进行删除操作。可对已经创建的 PBS 节点进行检索操作
类库管理	可以定义当前工厂相关的类,并指定其父类及相关属性,子类可以自动继承父类的属性

5.6 三维看板系统

5.6.1 业务分析

三维看板系统是由物联网传感器、三维可视化平台、PIM/BIM 3D 模型、大屏可视化构件组成的用于 PIM/BIM 运维的数据可视化平台,其数据采集能力、数据处理能力、图形展示能力、3D 模型处理能力都必须强悍。三维看板系统能够为企业及时高效地解决各类安全及能耗相关问题,通过数据采集、热区分布、报警定位、系统结构展示等方式提供全面精细的 PIM/BIM 运维管理,实时监控环境品质,有效提高能源的利用效率节约成本。PIM/BIM 目前在中国可以说是蓬勃发展的阶段,PIM/BIM 技术目前在投融资、设计及施工阶段有了大量应用,如从 EPC 招投标效果、4D、5D 到 ND。但用于业主的使用运维阶段则相对薄弱,主要痛点在于庞大数据的可视化、人员成本的限制、安全和能耗问题的预警与控制。三维看板系统能针对这些问题提出有效的解决方案。

1. 场景展示

(1)三维看板系统需将 PIM/BIM 运维中需要重点关注的数据以仪表盘等方式动态展示,实时观察设备运行参数、水流量、水压力、环境温度、湿度等上千种参数的数值变化。

(2)三维看板系统能选取 PIM/BIM 模型中的任意空间单独查看其详细的结构情况,具体到每个空间的每个元素基本信息和实时状态都以"标识牌"形式简单直观地呈现出来,使用户随时感受"上帝视角"的全面与清晰。

(3)三维看板系统需提供系统结构单独展示功能,可以直观地查看 PIM/BIM 模型内的任意系统或结构,从而更加快速准确地定位问题、解决问题。

2. 虚拟环境巡检

三维看板系统能实现虚拟环境巡检功能，可使用模拟巡检人员在 PIM/BIM 模型内模拟真实的路线行走进行巡检。查看安防系统内的任意监控视频，在大量节约人力成本的情况下仍然保证对每个角落都做到及时监控。查看当日的耗电量情况，及任意电器设备近期的能耗趋势曲线。查看设备标识牌上的设备工作状态或能耗信息，保证对所有能耗和安全情况及时掌握。查看任意设备基本参数的同时，还可以切换标签查看对应设备的维保历史记录。

3. 多样化能耗报表

相比于传统图表形式的数据展示，三维看板系统能将数据用更生动、更友好的形式，即时呈现隐藏在庞杂数据背后的业务洞察的能力。三维看板系统能将用户的能耗情况简单直观地分类展示，可以在单位时间内进行超限报警提示，可提前预告能耗情况，达到降低能耗成本的目的。三维看板系统能展示热区分布效果，让用户通过不同颜色对应不同数值的直观展示查看全局的温度 / 能耗分布情况，可以提早控制能耗、减少设备损害，也可以将火灾扼杀在萌芽，极大地减少人身及财产损失。

4. 自动监控报警

三维看板系统需集合智慧物联，熟练应用数据采集技术，实时监控所有分布在模型中的传感器设备，展示动态数据的同时也随时监控报警。三维看板系统能设置任意时间间隔采集任意的传感器数据，并将数据与设定的正常范围对比呈现数据正常或异常状态。数据发生异常时，三维看板系统能立即在模型中定位到异常的传感器位置，还有危房报警功能。当任意环境参数超过设定的安全值范围，三维看板系统将立刻语音播报报警提示，同时在模型中定位到报警位置。

5. 二维图纸与三维模型联动

用户的 SVG 等矢量图图纸能通过该模块实现与建筑三维模型中相应机组、设备关联，实现二维、三维联动。

6. 第三方数据对接

三维看板系统能与其他各物管系统、资产管理系统等多系统对接，作为 PIM/BIM 的数据平台完美展示数据和状态。能展示任意的管理信息列表；可通过三维看板系统页面进行管理业务交互操作；通过使用三维看板系统，可以在模型上进行直观的设备信息查看，进行设备报缺、消缺作业，查看设备技术文档，检索资料，记录设备维保物料使用等操作，各类型的管理作业借助三维看板系统都能实现三维可视化的效果进行开展相关活动。

7. IOT 模块

IOT 模块需满足包括 opc、modbus、bacnet 等协议的数据采集，充分应用在建筑、工厂等多领域的智慧管理。IOT 模块支持如表 5-5 和表 5-6 所列的数据接入能力。

表 5-5　数据格式协议表

协议性质	支持协议		采用链路
	协议大类	协议类型	
监控工业标准	OPC	OPC-DA	TCP/IP 网络
		OPC-UA	TCP/IP 网络
	BACNet	BACNet-TCP	TCP/IP 网络
	Modbus	Modbus-TCP	TCP/IP 网络
		Modbus-RTU	RS485/422/232
http 信息化系统接口	RESTful		TCP/IP 网络
	WebService		TCP/IP 网络
	XMPP		TCP/IP 网络
非 http 型编程接口	MQTT		TCP/IP 网络、NB-IOT 等
数据库接口	ODBC		TCP/IP 网络
视频流接口	RTMP		TCP/IP 网络

表 5-6　支持的物理链路表

大类	名称	介质	备注
串口类	RS485	双绞线	有线
	RS422	双绞线	有线
	RS232	串口线	有线
TCP/IP 网络	有线局域网	5 类、超 5 类网线、6 类网线、光纤	有线
	WIFI	无线	无线
	GPRS/3G/4G	移动网络	无线
	宽带	网线、光纤	有线
专用接口类	NB-IOT	移动物联网	无线
	LORA	无线数传	无线
	蓝牙 Mash	2.4G 蓝牙无线	无线
	ZigBee	2.4G 无线	无线

通过采集控制可将空间及采集设备信息关联，能同时管理采集进程与采集点等信息及状态，还能实现对相关业务中所关注的各类数据的实时监控，对安全及能耗管理能起

到十分及时高效的监控作用。除提供基于 PIM/BIM 模型的三维监控报警能力之外，三维看板系统还需支持将数据通过二维的传统方式进行监控展示。

5.6.2 模块功能

三维看板系统基于"可视化 +"技术为各类型管理系统赋能，实现项目管理、工地管理、运维管理、数据监控、生产管理、台账或移交数据查看、跨业务系统数据比对展示辅助决策等多种业务场景的"可视化 +"升级。

系统用于通过三维模型展示各类型的业务数据，可展示的数据种类繁多，例如通过数字化移交获得的各设备属性图纸及文档资料、建设过程中的建设计划、建设实际进度、建设安全质量问题数据、视频监控流、设备维保信息、DCS 实时数据、安健环系统业务数据、预警报警系统报警数据、工单数据、能耗数据等。

其主要功能如表 5-7 所示。

表 5-7　三维看板系统功能清单

功能名称	功能描述
场景展示	将运维中需要重点关注的数据以仪表盘等方式动态展示，实时观察设备运行参数、水流量、水压力、环境温度、湿度等上千种参数的数值变化。通过模型与施工进度的集成，展示项目的施工进度，为领导层决策提供依据
虚拟环境巡检	能实现虚拟环境巡检功能，可使用阿凡达模拟巡检人员在 PIM/BIM 模型内模拟真实的路线行走进行巡检。查看安防系统内的任意监控视频，在极其节约人力成本的情况下仍然保证对每个角落都做到及时监控
自动监控报警	将模型、运维系统和油气生产物联网系统（A11）集成，通过采集 A11 系统传递的报警信息，自动跳转到模型位置，并在运维系统中创建工单，推送给相应的工作人员去处理，加快问题解决速度
数据采集	可采集如协同系统、移交系统、运维系统和油气生产物联网系统（A11）的数据
语音播报	当出现报警信息时，可自动根据配置好的参数进行语音播报

5.7　生产运维系统

随着科学技术的不断发展，油气田企业的信息化、数字化建设越来越完善，但企业面临的市场竞争压力却越来越大。企业为了应对日益激烈的市场竞争，需要油气田生产设备安全、稳定、高效地持续运行，并且能够及时了解和掌握设备运行状态，准确预知设备运行趋势，及时做出合理的管理策略，以提高设备的生产效率。

　　油气田企业在日益激烈的市场竞争环境下，需要通过保证设备的使用效率，来提高企业的生产效率。传统情况下，企业会通过增加设备的计划性维修、巡检等作业来保证设备的有效产出。但是计划性维修有其明显的特点：首先是容易造成维修不足，也就是说可能会有急需维修的设备因不在维修计划之内而得不到及时的维修；其次是容易造成维修过度，也就是对于在维修计划中而不需要维修的设备进行维修。

　　为完善设备动态管理，健全标准的管理体系规范管理流程，搭建设备智能管理系统，及时了解和掌握设备运行状态，形成全寿命周期的设备台账；设备的计划性和临时性工单管理，完善备品备件管理流程，实现标准流程定制和工作流审批；运用设备关键性指标，监测设备运行状态以及实施初步预警，为设备预测性维修提供数据支持等，最终为延长设备的使用寿命、提高有效产出提供运行、维护、监测平台。

　　目前存在大量的旧设备和正在实施数字化移交的新设备，建立统一的设备管理系统，通过科学的手段有效延长设备的使用寿命，是企业提高生产效率、节省设备更替成本的有效途径。将各现场的设备数据统一采集到机房，为本系统在进行设备运行数据管理时提供了非常有力的数据保障，基于这些运行数据，才能更准确地分析设备状态，预测运行趋势，为设备管理、预测性维修提供数据支持。

　　现场运维工作主要由计划作业、临时作业和大修改建三大类作业组成，常规运维管理系统主要关注的是计划作业和临时作业的管理。计划作业包括了巡检、点检、定期维保（如润滑等），采取的功能思路为：定义计划类型及作业内容→编制指定类型作业的周期计划→派发计划作业工单→执行计划作业工单采回作业现场数据→汇总统计分析→优化类型计划。临时作业由各种临时情况触发，系统需要提供外部监控及报警接口以接收自动化异常触发、巡检过程中复杂故障移动终端上报、临时性人为任务派发几种措施。收到临时作业触发后将产生临时消缺工单，派给作业人员予以现场执行。临时作业体系处理最多的是各类型异常故障，运维系统要考虑建立故障现象—原因—处理办法的三重关联知识库，充分运用三维数字模型，实现复杂故障的现场作业人员可视化操作指导。计划作业和临时作业都会产生工单，尤其临时工单产生时可能还会与既有的计划任务产生一定的人员冲突，因此运维系统需要提供工单的调度管理能力，供班组长等中层、基层管理人员参与工单改派等任务调度协调。工单在执行过程中还将可能产生物料、备品备件的使用，在运维系统中能够由执行人员领取并与工单、作业对象设备进行关联，完成物料、备品备件的管理和库存联动。高效的管理逻辑，配套的移动互联网、物联网，有机地将人、设备、空间的管理信息高效连接，提高了资产运维管理效能，带来可观的收益。

1. 与 PIM 技术结合

通过轻量化引擎技术，实现从设计、施工、运维全过程的数据移交，完成设施、资产及空间的可视化三维立体展现，从而使得资产管理解决方案更加完善、更加直观。

生产运维系统平台需具备与当前流行的设计软件（包括 SP3D、Autodesk Revit、Bentley 等）进行数据集成的功能，实现设计图纸、PIM 模型与信息数据实时双向同步更新，并在系统中展现二维、三维信息及属性数据信息。

在生产运维系统中引入 PIM（工厂信息模型）应用，系统可以管理设计阶段创建的 PIM 三维工程模型。同时，可以将 PIM 信息模型与管理系统信息数据进行关联操作，包括三维监控大屏、三维空间、设备检索、查看设备动态数据（传感器、PLC 等）、查看运维工单情况。

2. 与物联网结合

生产运维系统能通过采集实时数据中心系统设备运行或传感器数据信息，对收集的数据进行报警判读，对于运行异常或者运行参数超过阈值的设备，进行报警提醒，并在管理系统中将设备信息以工单形式直观在数据仪表盘进行展示，定位三维模型高亮显示当前设备运行状态，能够为设施设备维修维护和故障排查提供支持依据（图 5-3、图 5-4）。

生产运维系统能够显著提高企业的资产管理水平，改善企业资产运维运营效率，提高企业的市场竞争能力，并且能够有效降低企业的研发成本和运维成本，提高企业的资产价值。能够紧紧结合当前互联网发展的趋势，构建基于云平台的全方位资产管理服务体系，包括灵活多样的报事报修管理、完备的空间资产、设备资产基本信息管理、计划工单、临时工单、品质核查、巡检维保、应急预案、能耗管理、报表报告、组织结构管理功能模块。能够实现对企业资产的多维度、全方位的资产价值和成本跟踪。通过强大的数据分析能力，提升企业的资产价值，为企业的资产管理提供准确的决策依据。能实现资产自规划到建筑施工直至持续运营、大修大建、退役等阶段的资产全生命周期的管理，也可实现设备自采购到运行直至报废的全生命期的管理。

在地面工程项目建设中，不断深化和完善项目流程管控、数据可视化、竣工电子归档的实时交付模式，也逐渐形成了厂级数字化管理平台，经过数字工厂不断维护和数据更新，基本已完成工艺装置数字孪生，为油气田工程建设数字化、安全管理可视化、生产运维智能化打下坚实基础。

图 5-3　数据驾驶舱展示效果

图 5-4　可视化展示

5.7.1　智能设备管理模块

要提高有效产出，必然伴随着设备可用度的提升和稳定性来支持，随着自动化和数字化水平的提高，对系统的可用度要求也会随之提高。一般常规理解是提高设备的可用度应该填补相应的维修费用，而事实上随着经济走势的放缓，要求维修费用不但不能提高，反而要减少。严格意义上来说，不仅仅是要求减少备件发生的费用，还要节约人力，以降低费用，提高工作效率。这样一来，设备管理的目标是既要保证有效产出下的可用度，又要同时稳步降低维修费用至合理水平，这就是设备管理的二律背反定律。

要突破这个定律，需要采用新的管理模式结合先进的技术手段来实现，设备智能管理系统能够实现设备的全生命周期管理，并且可以及时掌握设备动态、关联备件及相应的外部系统，实现管理通道、预测性维修通道的同步提升，充分保障设备的有效产出，显著延长设备的使用寿命。

1. 建设目标

智能设备管理系统包含基础管理、设备管理、工单管理、备品备件管理、流程管理、文档管理及报表管理等主要核心功能模块。系统基础管理模块主要是提供保证系统平稳运行所需的关键设置；设备管理模块主要是实现油气田企业存量动设备和新近移交动设备的全生命周期管理；备品备件管理的模块为企业设备正常运行提供备件保障；通过与物联网系统的对接，能够实时掌握设备运行状态。

建设目标主要包括：

（1）建立智能设备管理系统，实现对企业存量或新建移交动设备的管理，建立设备台账，实现对设备从采购到报废的全生命周期管理。

（2）集成物联网系统，通过统一的 API 接口，将设备运行数据接入智能管理系统，并能够根据设备运行数据，生产运行记录本，提高作业人员的工作效率。

（3）建立完善的备品备件管理模块，实现手动录入或者扫码枪入库、出库的功能。规范企业备品备件的管理流程，盘活库存，提高企业资金周转效率。

（4）打通工单管理通道，形成计划工单和临时工单相辅相成的管理模式，将定期的点检工单纳入到计划工单管理范畴，将异常情况的处理纳入到临时工单的管理范畴中。

（5）通过内置工作流引擎，提供作业流程管理，用户可以定制标准作业流程，并按照作业流程进行工作的流转和审批，规范企业工作流程。

（6）消除设备管理部门间的信息壁垒，实现设备文档的共享和信息的互通。

（7）具备强大的数据统计能力，能够让用户通过灵活的配置就可以快速获取到不同维度的报表信息。

（8）系统灵活的定制功能，能够满足企业实际的管理和应用需要，可以定义 PBS、组织架构等管理结构。

（9）建立起设备位号和资产编码的关联关系体系，实现运维管理和财务资产管理的有效结合。

2. 系统业务架构

设备智能管理系统面向以下几类用户：设备维修科管理和维修人员、设备使用部门管理和使用人员、设备采购部门管理和使用人员、企业的管理人员。

设备智能管理系统数据管理主要用来维护组织层级划分，各类人员基本档案资料，人事管理的职务、操作原先，以及设备管理手册要求。结合 PBS 厂区、车间里拥有的动设备有效明确地进行管理，准确的设备台账和运行状态能够为领导提供有利的决策，以及设备生命周期中不断的事物处理，也能够提供简单、快捷、清晰的规范业务处理能力。在基础管理、设备管理等几大块固定设备的基础上，提供流程定义，并通过流程驱动业务、提高企业设备的有效产出。

设备智能管理系统应用架构如图 5-5 所示。

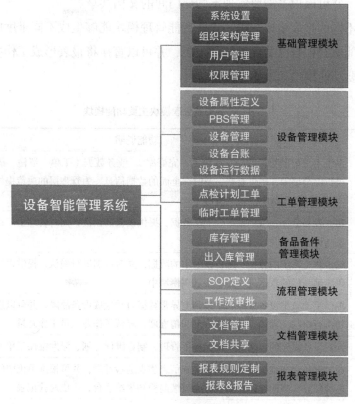

图 5-5　系统应用架构图

基础管理模块为用户提供基本的系统设置和管理功能，用户可以设置系统开放的关键参数，可以根据企业管理的事情需要构建灵活的组织架构，能够手动录入或者批量导入用户基本信息，通过权限管理能够为每个用户设置合理的操作权限。

设备管理模块为系统的核心模块之一，通过设备属性定义，能够为不同类型的设备定义属性信息；PBS 管理功能为用户提供构建 PBS 的能力，并可以与设备进行关联管理；系统中的设备管理包括对存量设备的管理以及通过数字化移交的设备管理；可以根据设备位号，形成设备的全生命周期台账；通过与物联网系统的继承，能够及时地获得设备运行数据，自动生成运行记录本。

工单管理模块为用户提供两种类型的作业工单：计划性工单，如定期的点检、定期的维保维修等；临时性工单，如设备异常信息的上报与处理等。

备品备件管理模块，可以为企业提供所有物资备件信息，包括库存管理，出入库管理以及盘点等。

流程管理模块可以实现标准流程定义，系统内置工作流引擎，只需要用户进行简单的表单配置，就能够形成规范的工作流，例如审批工作流。

系统的文档管理模块，不仅能够提供存量文档的管理，也可以管理从数字化移交而来的文档信息，并可以根据需要实现不同部门间的文档共享。

通过定制不同的报表生成规则，设备智能管理模块能够生成不同维度的报表，不同角色的用户都能够获得自己关注的统计报表，并可以直接将报表形成工作报告。设备智能管理模块主要功能模块如表 5-8 所示。

表 5-8　设备智能管理模块主要功能模块

功能名称	功能说明
首页	系统中关键的指标数据（故障率、完好率），业务数据（工单、巡检、故障）在驾驶舱进行综合展示，提供直观、及时、全面的数据信息，为管理层的决策提供数据支持，丰富领导层基于数据决策的资源
资产管理	建立设备分类、管理设备全周期数据；提供设备的调拨；同时管理工厂设计对象以及对象与设备的关联
数据同步与确认	同步移交系统的数据，解析模型中的数据，并对数据进行确认，提供设备管理的唯一编码，确认后的数据进入到设备管理模块中
工单管理	提供手动填报设备故障和采集到的异常数据自动生成设备故障，并可以进行工单的转派和执行跟踪，大幅提升管理效率和精准度，降低了作业人员工作总量
设备设施维保	针对设备设施的定期日常维保提供管理，制订维保计划、派发维保工单并记录执行结果
巡检管理	通过设备台账维护建立的设备设施信息建立巡检计划，并可根据系统中的巡检计划生成巡检任务，当巡检任务完成时会反馈巡检结果给后台，生成巡检记录
知识库管理	管理例行作业标准，历次故障的现象、分析出来的原因以及所做的处理办法
采集数据管理	能够对设备的各个采集点进行管理，并且设定采集规则和触发的后续操作。采集点必须与数据中心的采集点建立密切的对应关系
报表报告	提供多种维度的明细表、统计分析报表
文档管理	实现各管理组织的文档管理及跨组织的文档共享；文档回收站提供文件回收功能
备品备件管理	实现从备件的分类、档案信息、库存、调拨、出入库、领用、归还、盘点的全业务管理，并实现采购申请的发起与审批
可视化	系统能够加载三维模型，并且按照设计目录显示模型，提供模型的查看、定位；设备数据的展示、关联资料的在线查看等
关联关系	为设备和文档资料建立关联关系，通过这种关系，能够在设备档案或者可视化环境中查看设备关联的资料
知识库	实现设备故障库、工艺流程和操作步骤的集中管理
系统管理	各职能组织、作业区，对用户、组织、角色、权限等进行分配与控制；对系统公用功能和策略进行设定

5.7.2 智能仓储管理模块

1. 系统架构

智能仓储管理模块系统架构基于工业界成熟的 SOA 体系架构，当前及今后系统通过统一的 SOAP 协议实现应用无缝整合和数据高效通信，客户端框架采用插件化技术，实现软件模块热插拔和功能升级，服务端框架采用 ESB 服务总线，实现服务弱耦合和动态扩展。智能仓储管理模块总体架构设计如图 5-6 所示。

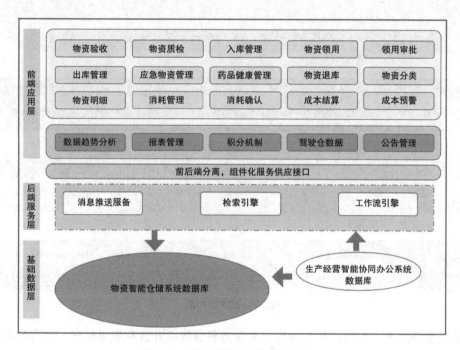

图 5-6　智能仓储管理模块总体架构图

基础数据层：物资智能仓储系统以生产经营智能协同办公系统中计划物资数据为依托，基于厂物资管理站物资管理体系，通过系统提供的功能对全厂物资生命周期数据进行管理。

系统接口：物资智能仓储系统通过 HTTPS 协议从生产经营智能协同办公系统采集计划物资数据，同时预留 ERP 及其他统建系统进行业务互通。

数据处理部分：系统采用 SQL+NOSQL 相组合的数据库模式，并对非结构化数据进行收集、处理和准换，可将最终数据统一归入到企业数据湖进行管理。

后端服务层提供系统核心组件及服务，通过调用组件和服务，实现前后端以及外部系统的业务交互。平台提供轻量级的 ESB 服务，提供基于 HTTP、WebService、MQ 等多种协议的接入和转出。服务动态添加和部署，不需要重启应用。

前端应用层通过前后端分离的策略为用户提供更加丰富、更易于操作的交互界面，同时支持多终端的交互方式，拓宽用户的使用场景。

2. 技术架构

系统采用多层分布式体系结构，遵循 SOA 架构体系，系统基于 B/S 模式开发，支持 restful 接口规范，采用统一的基于 J2EE 的软件平台、基于组件分层开发的技术路线，如图 5-7 所示。

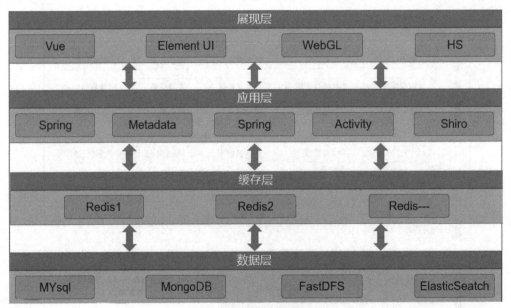

图 5-7　技术架构图

系统服务层基于模块化技术构建，为业务服务提供开放和集成标准，实现各类服务的统一访问。平台为业务服务提供安全管理、数据访问、日志、流程等基础服务，提供统一的权限、用户、日志管理和数据访问接口。

数据层使用 MySQL 关系数据库，进行读写分离，满足系统高并发的要求（同时支持 Oracle）。文件存储使用静态文件服务器，与应用分离，单独部署，提供响应数据。

应用层采用 SpringBoot 框架，集成 Spring 容器，管理系统中的 Bean，集成 SpringMVC，提供数据服务给前台页面。应用层还包括 ORM 持久化组件 Metadata，日志组件，Activity 流程引擎等。应用层可将系统应用服务发布成 restful 服务，为 RFID 物资管理及其他第三方系统提供数据、服务。

前端页面展现层使用的 VUE 前后端分离开发模式，使用 Element UI 作为前台页面的 UI 库。

3. 功能架构（图 5-8）

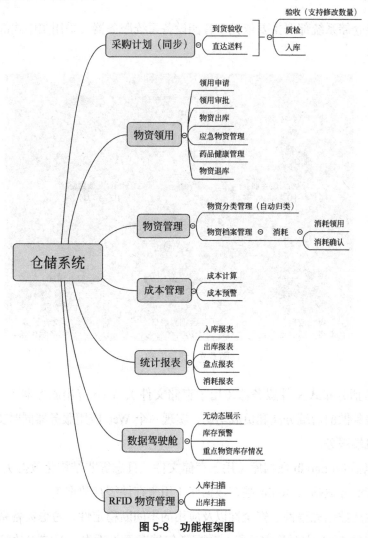

图 5-8 功能框架图

物资智能仓储系统功能清单如表 5-9 所示。

表 5-9 物资智能仓储系统功能清单

物资管理模块	采购计划管理	管理跟踪物资采购计划审批进度及物资到货验收质检、物资入库情况
	物资领用	物资领用申请、审批，物资出库、回退、应急物资及药品健康管理
	物资管理	分类管理物资基本信息，支持物资无动态展示及库存预警，并对物资消耗进行管理
	成本管理	按月度进行物资结算单价的维护，成本结算后生成物资结算记录，并进行年度成本预警
	统计分析	出入库、消耗、计划等关键指标统计，盘点分析
	数据驾驶舱	"一站式"决策支持的汇总、分析、预警、展示界面
	RFID 物资管理	通过射频功能及掌上 RFID 设备对物资仓储快速智能管理

4.部署架构

物资智能仓储系统部署主要依托于智能设备系统服务器，采用集中式部署方案，如图 5-9 所示。

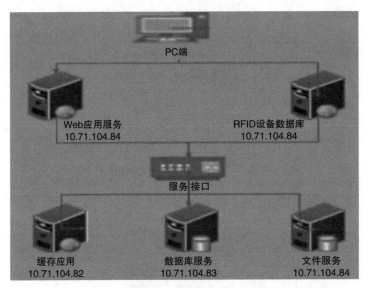

图 5-9　部署架构

服务器包括分布式文件服务器（用于存储文件）、Web 应用服务器（tomcat8），并采用 Nginx 服务做前后端分离和负载均衡，实现一个 Web 应用服务器同时支持 Web 端、iPad 端、手机端服务。

数据库包括 Mongodb 数据库（用于存储文件、日志等非结构化数据）、Oralce 数据库（用于存储业务数据）、Redis 缓存数据库（用来存储缓存数据）。

为确保生产数据完整性、安全性以及应用的不间断稳定性，考虑灾备系统，目标是实现应用系统的 7×h 小时稳定运行、数据任何情况下不丢失、系统出故障时能够以本地或同城异地两种方式快速恢复系统运行。

5.采购计划管理

管理人员管理物资采购计划，根据到货位置（物资到货形式不同分别）由保管员或材料员进行（物资）验收并填写直达送货验收单或到货物资委托验收单（到货物资验收单或直达送料物资验收单）（图 5-10）。

（1）支持针对到货物资上传相关（随货资料）附件。

（2）针对必检物资目录，由技术监督站进行质检（由技术监督站按照《厂级物资必检目录》负责到货物资的质检工作），填写合格产品入库通知单（抄送给保管员和计划员）。

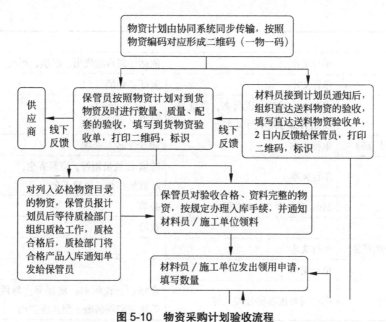

图 5-10　物资采购计划验收流程

（3）保管员对验收合格、资料完整的物资，按规定办理入库手续。

（4）形成物资验收明细表。

6. 验收

到货验收：物资到货后保管员验收完毕，系统支持自动填写到货物资验收单、生成二维码、物资标签（表 5-10）。

表 5-10　到货物资验收单

主表字段		
字段名称	**字段类型**	**备注**
采购部门	浏览按钮—采购部门	自动代出物资供应公司
验收日期	浏览按钮—日期	自动代出当前日期
验收地点	浏览按钮—库房	自动代出当前人员库房
制表人	浏览按钮—人员	自动代出当前人员名字
编制单位	物资管理站	
明细表字段		
计划编号	浏览按钮—计划，单行文本，	10 个字段，必填
器材编码	单行文本	11 个字段，依据计划自动代出，必填
物料组	单行文本	2 个字段，依据计划自动代出，必填
名称规格型号	单行文本	依据计划自动代出，必填
计量单位	单行文本	依据计划自动代出，必填
应收数量	单行文本	依据计划自动代出，必填

续表

明细表字段

实收数量	单行文本	依据计划自动代出，必填，可改
外观质量	单行文本	完好，必填
技术资料	点选，合格证，说明书，质证书，质证书编号是单行文本	必填
供应商（生产厂家）	单行文本	30 个字段，必填
验收情况	单行文本	选填 1. 数量相符，资料齐全；2. 数量相符，资料不全
验收地点	2101 综合库 /2103 工程库	必填
四号定位		选填
验收问题及处理意见	单行文本	
参加验收单位	单行文本	
添加相关附件	图片需要按名称分类上传	合格证，说明书，质证书，材质书，报关单等随货资料的电子照片或文档

直达送料验收：直达物资到货后材料员组织验收完成，填写直达送料物资验收单，生成二维码、物资标签，并直接抄送给保管员（表 5-11）。

表 5-11　直达送料物资验收单

主表字段

字段名称	字段类型	备注
验收单位	浏览按钮—部门	自动代出当前人员部门
验收日期	浏览按钮—日期	自动代出当前日期
验收地点	浏览按钮—部门	自动代出当前人员部门
验收人	浏览按钮—人员	自动代出当前人员名字
委托人	浏览按钮—人员	自动代出保管人员

明细表字段

计划编号	浏览按钮—计划，单行文本	10 个字段，必填
器材编码	单行文本	11 个字段，依据计划自动代出，必填
物料组	单行文本	2 个字段，依据计划自动代出，必填
名称规格及型号	单行文本	依据计划自动代出，必填
计量单位	单行文本	依据计划自动代出，必填
应收数量	单行文本	依据计划自动代出，必填
实收数量	单行文本	依据计划自动代出，必填
外观质量	单行文本	完好，必填
技术资料	点选，合格证，说明书，质证书，质证书编号是单行文本	必填

明细表字段		
供应商（生产厂家）	单行文本	30 个字段，必填
验收情况	单行文本	选填 1. 数量相符，资料齐全； 2. 数量相符，资料不全
验收地点	6 个作业区	必填
四号定位		选填
抄送	2101 综合库 /2103 工程库	必填
验收问题及处理意见	单行文本	
参加验收单位	单行文本	
添加相关附件	图片需要按名称分类上传	合格证，说明书，质证书，材质书，报关单等随货资料的电子照片或文档

系统界面及物资标签如图 5-11、图 5-12 所示。

序号	物资采购计划编号	采购单位	物资名称	物料组编码	物资分类	单位	采购数量	规格型号	是否需要质检	状态	存放地点	操作
1	BGYP001	采气一厂	自救呼吸器	00000000	工程工具	个	5	0000	是	未质检	--	标签 二维码
2	BGYP002	采气一厂	疏散指示灯	00000000	工程工具	个	8	0000	否	已验收	---	标签 二维码
3	BGYP003	采气一厂	铰链	00000000	工程工具	条	15	00000	否	已入库	厂区综合库	标签 二维码
4	BGEP004	采气一厂	气泵	00000000	工程工具	台	22	0000	否	已入库	厂区综合库	标签 二维码
5	BGEP005	采气一厂	JT-1A型端式接头	00000000	工程工具	个	50	0000	否	已入库	厂区综合库	标签 二维码
6	BGEP006	采气一厂	RP型包塑金属软管	00000000	工程工具	根	54	0000	否	已入库	厂区综合库	标签 二维码
7	BGEP007	采气一厂	螺栓M20X130	00000000	工程工具	个	11	0000	否	已出库	作业区8号库房	标签 二维码
8	BGEP008	采气一厂	防尘圈GP1-2600	00000000	工程工具	个	45	0000	否	已出库	作业区8号库房	标签 二维码
9	BGEP009	采气一厂	轴用Yx圈GY1-2600	00000000	工程工具	个	56	0000	否	已消耗	--	标签 二维码
10	BGEP010	采气一厂	下轴承套	00000000	工程工具	套	12	0000	否		作业区7号库房	标签 二维码

25 ▽ ｜< < 第 1 页 共 56 页 > >｜ 　　　当前显示第1-25条记录 共150条记录

图 5-11 系统界面

主 货 位		库棚场		架 区		层 排		位	
副 货 位		库棚场		架 区		层 排		位	
物资编码				物料组					
物资名称									
规格型号									
计量单位					单 价				
储备定额	最 高				最 低				类
备 注									

图 5-12 物资标签

7. 质检

物资质检：对列入必检物资目录的物资进行自动筛选，通知计划员物资需要（技术监督站）质检，待质检合格，技术监督站填写合格产品入库通知单，抄送给计划员和保管员（表 5-12、表 5-13、图 5-13）。

表 5-12　物资必检目录

大类	中类	小类
02 石油专用管材		
03 普通钢材		
18 玻璃仪器及化学试剂	1801 玻璃仪器	180102 量器
		180103 容器
		180105 仪器
37 石油专用仪器、仪表	3705 石油产品分析仪器	370501 测定仪器
	3706 炼化专用仪表	
	3707 实验室用石油专用仪器	
38 通用仪器、仪表	3801 温度仪表	
	3802 压力仪表	
	3803 流量仪表	
	3804 物位仪表	
	3808 变送单元	
	3813 电工仪器仪表	
	3814 电子测量仪器	381401 信号发生器
		381404 时间、频率测量仪器
	3815 光学仪器	
	3816 分析仪器	
	3818 实验室仪器与装置	381801 天平仪器
		381802 试验箱及气候环境试验设备
		381805 应变测量仪器
40 工具、量具、刃具、磨具	4003 岗位工具	400303 测量工具
		400318 小型衡器
	4005 量具	
44 阀门	4401 高压阀门	
	4402 中压阀门	
	4403 低压阀门	
47 石油专用工具	4702 钻杆接头及毛坯	470201 接头
52 管道配件	5201 钢法兰、法兰盖	
	5202 钢螺纹管件	
	5203 钢法兰管件	
	5204 钢对焊管件	
	5205 铸铁管件	

续表

大类	中类	小类
	5209 法兰及法兰盖毛坯	
	5211 钢制弯管	
	5299 其他管道配件	

注：小类没有标注的就是全部。

表 5-13　合格产品入库通知单

主表字段

字段名称	字段类型	备注
验证日期	单行文本	自动代出当前日期
编制单位	技术监督站	
验证人	浏览按钮—人员	自动代出当前用户名

明细表字段

字段名称	字段类型	备注
名称规格型号	单行文本	根据验收日期和必检目录自动代出
数量	单行文本	根据验收单自动代出
验收日期	单行文本	根据验收单自动代出
物资来源	浏览按钮	物资供应公司、作业区
生产厂家	单行文本	根据验收单自动代出
执行标准	单行文本	根据验收单自动代出
说明书	浏览按钮—有或没有	
合格证	浏览按钮—有或没有	
质检报告编号	单行文本	
外观验收情况	浏览按钮—完好或其他	
验证情况说明	单行文本—经技术监督站监督人员现场核实，符合要求同意入库	不同意填写原因
备注		

入库产品合格通知单

厂物资管理站：你站　年　月　日上报的直达现场产品（见下表），经技术监督站监督人员现场核实，符合要求同意入库。

名称规格型号	数量	进货日期	货物来源	生产厂家	执行标准	说明书	合格证	质量报告编号	外观验收情况	备注
验证日期：物资管理站：								技术监督站：		

图 5-13　直达物资入库产品合格通知单

8. 入库管理

保管员对验收合格、完成质检的物资进行入库操作，系统根据入库数量自动更新物资库存信息，支持手动入库，入库完成后资料只能完善不能修改（表 5-14）。

查看入库记录：系统记录物资计划中的入库物资详细信息，用户可以查看每一个物资的入库记录信息。

表 5-14 入库记录表

	主表字段	
字段名称	字段类型	备注
计划编号	浏览按钮—计划，单行文本	10 个字段
器材编码		
名称规格及型号	单行文本	依据计划自动代出
物料组	单行文本	2 个字段，依据计划自动代出，必填
计量单位	单行文本	依据计划自动代出
数量	单行文本	依据验收单自动代出，必填
验收日期	单行文本	依据验收单自动代出，必填
验收情况	单行文本	依据验收单自动代出，必填
验收人 / 委托人	单行文本	依据验收单自动代出
使用单位	单行文本	依据计划自动代出，必填
是否质检	选填	依据质检表自动代出
	明细表字段	
入库日期	浏览按钮—日期	自动代出当前日期
保管员	浏览按钮—人员	自动代出当前人员名字
相关附件	快拍上传	

系统界面如图 5-14 所示。

序号	物资采购计划编号	采购单位	物资名称	物料组编码	物资分类	单位	采购数量	规格型号	是否需要质检	状态	存放地点	操作
1	BGYP001	采气一厂	自救呼吸器	00000000	工程工具	个	5	0000	已质检	已入库	厂区综合库	标签 二维码
2	BGYP002	采气一厂	疏散指示灯	00000000	工程工具	个	8	0000	否	已入库	厂区综合库	标签 二维码
3	BGYP003	采气一厂	铰链	00000000	工程工具	条	15	00000	否	已入库	厂区综合库	标签 二维码
4	BGEP004	采气一厂	气泵	00000000	工程工具	台	22	0000	否	已入库	厂区综合库	标签 二维码
5	BGEP005	采气一厂	JT-1A型端式接头	00000000	工程工具	个	50	0000	否	已入库	厂区综合库	标签 二维码
6	BGEP006	采气一厂	RP型包塑金属软管	00000000	工程工具	根	54	0000	否	已入库	厂区综合库	标签 二维码
7	BGEP007	采气一厂	螺栓M20X130	00000000	工程工具	个	11	0000	否	已出库	作业区8号库房	标签 二维码
8	BGEP008	采气一厂	防尘圈GP1-2600	00000000	工程工具	个	45	0000	否	已出库	作业区8号库房	标签 二维码
9	BGEP009	采气一厂	轴用Yx型GY1-2600	00000000	工程工具	个	56	0000	否	已消耗	--	标签 二维码
10	BGEP010	采气一厂	下轴承套	00000000	工程工具	套	12	0000	否	已入库	作业区7号库房	标签 二维码

25 ▾ |◀ ◀ 第 1 页 共 56 页 ▶ ▶|　　当前显示第1-25条记录 共150条记录

图 5-14 入库记录图

9. 领用申请

基层单位材料员只可对现有物资（单一厂级库房内的库存）发起领用申请（领用申请物资不能并存两个以上的厂级库房的库存物资），并跟踪审批流程进展情况，领用大于 0 且小于或等于库存数量的物资（表 5-15）。

表 5-15　发起领用申请表

主表字段		
字段名称	**字段类型**	**备注**
计划号	浏览按钮—计划，单行文本	10 个字段
名称规格及型号	单行文本	依据计划自动代出
物料组	单行文本	2 个字段，依据计划自动代出，必填
计量单位	单行文本	依据计划自动代出
数量	单行文本	依据入库单自动代出，必填
入库日期	单行文本	依据入库单自动代出，必填
保管员	单行文本	依据入库单自动代出，必填
相关附件		
明细表字段		
申请数量	单行文本	依据验收单代出，必填
申请日期	浏览按钮—日期	自动代出当前日期
申请人	浏览按钮—人员	自动代出当前人员名字
审批人	浏览按钮—人员	

10. 领用审批

基层单位主管领导对物资领用申请进行审批（确认），如填写信息错误，可原路退回重新发起申请（表 5-16）。

表 5-16　领用审批表

主表字段		
字段名称	**字段类型**	**备注**
计划号	浏览按钮—计划，单行文本	10 个字段
名称规格及型号	单行文本	依据计划自动代出
物料组	单行文本	2 个字段，依据计划自动代出，必填
计量单位	单行文本	依据计划自动代出
数量	单行文本	依据入库单自动代出，必填
入库日期	单行文本	依据入库单自动代出，必填

主表字段		
字段名称	**字段类型**	**备注**
保管员	单行文本	依据入库单自动代出，必填
相关附件		

明细表字段		
申请数量	单行文本	依据验收单代出，必填
申请日期	浏览按钮—日期	自动代出当前日期
领料人	浏览按钮—人员	自动代出当前人员名字
审批人	自动代入审批人名字	自动代入审批人名字

11. 出库管理

为保管员提供按照领用申请、登记发放实际物资的功能，系统根据领用申请表自动按照入库时间排序筛选出符合领用条件的物资（按照先进先出原则），供保管员出库选择，保管员操作出库确认后库存数量根据申请表物资数量自动删减（表5-17）。

表 5-17　出库记录表

主表字段		
字段名称	**字段类型**	**备注**
计划号	浏览按钮—计划，单行文本	10个字段
名称规格及型号	单行文本	依据计划自动代出
物料组	单行文本	2个字段，依据计划自动代出，必填
计量单位	单行文本	依据计划自动代出
数量	单行文本	依据入库单自动代出，必填
入库日期	单行文本	依据入库单自动代出，必填
保管员	单行文本	依据入库单自动代出，必填
相关附件		

明细表字段		
使用单位	浏览按钮—单位部门	依据申请单自动代出，不可更改
领料人	浏览按钮—材料员/施工单位	依据申请单自动代出，不可更改
领用数量	单行文本	依据申请单自动代出，必填
出库日期	浏览按钮—日期	自动代出当前日期
保管员	浏览按钮—人员	自动代出当前人员名字

系统界面如图 5-15 所示。

序号	物资采购计划编号	采购单位	物资名称	物料组编码	物资分类	单位	采购数量	规格型号	是否需要质检	状态	存放地点	厂家
1	BGYP001	采气一厂	自救呼吸器	BGYP001	工程工具	个	5	0000	已质检	已出库	作业区6号库房	
2	BGYP002	采气一厂	疏散指示灯	BGYP002	工程工具	个	8	0000	否	已出库	作业区8号库房	
3	BGYP003	采气一厂	铰链	BGYP003	工程工具	条	15	00000	否	已出库	作业区6号库房	
4	BGEP004	采气一厂	气泵	BGEP004	工程工具	台	22	0000	否	已出库	作业区6号库房	
5	BGEP005	采气一厂	JT-1A型端式接头	BGEP005	工程工具	个	50	0000	否	已出库	作业区6号库房	
6	BGEP006	采气一厂	RP型包塑金属软管	BGEP006	工程工具	根	54	0000	否	已出库	作业区6号库房	
7	BGEP007	采气一厂	螺栓M20X130	BGEP007	工程工具	个	11	0000	否	已出库	作业区8号库房	
8	BGEP008	采气一厂	防尘圈GP1-2600	BGEP008	工程工具	个	45	0000	否	已出库	作业区8号库房	
9	BGEP009	采气一厂	轴用YX圈GY1-2600	BGEP009	工程工具	个	56	0000	否	已出库	作业区8号库房	
10	BGEP010	采气一厂	下轴承套	BGEP010	工程工具	套	12	0000	否	已出库	作业区7号库房	

25 ∨ |< < 第 1 页 共 56 页 > >|　　　　当前显示第1-25条记录 共150条记录

图 5-15　出库记录图

12. 物资退库

在物资发生领用错误、多领退还物资时，保管员可以通过物资编码、计划号或日期等信息查找出错误的出库记录，并进行注销。错误的出库物资根据注销记录，自动恢复库存状态）。填写物资退库单，该物资库存地点会根据物资退库单填写位置自动发生相对应改变。

13. 应急物资管理

材料员对下发至作业区的应急物资进行管理，在系统中应急物资与其他生产物资有明显的区分并设有独立台账，且支持材料员对物资时效、物资消耗等信息进行维护，并对物资库存量及物资时效进行高亮颜色预警。系统界面如图 5-16 所示。

应急物资台账								
物资名称	规格型号	物资分类	存放位置/储备库名称	配备日期	配备数量	生产日期	保质期(年)	失效日期
担架		医疗救急	克拉美丽天然气处理站应急库房	2019/10/1	2副			
冻伤药		医疗救急	克拉美丽天然气处理站应急库房	2019/10/1	5盒	2018-12-10 2018-10-04	2年11月	2021-11（2盒） 2021-09（3盒）
活力氧		医疗救急	克拉美丽天然气处理站应急库房	2019/10/1	5个	2019/6/3	2	2021/6/2
防爆探照灯	BYD151	应急照明	克拉美丽天然气处理站应急库房	2019/10/1	2具			2024.10.1
防爆手电筒	FW6601	应急照明	克拉美丽天然气处理站应急库房	2019/10/1	4只			2024.10.1
集污袋		污染控制	克拉美丽天然气处理站应急库房	2019/10/1	100个			
三防布		污染控制	克拉美丽天然气处理站应急库房	2019/10/1	100平方米			2024.10.1
雨靴		人身防护	克拉美丽天然气处理站应急库房	2019/10/1	10双			
雨衣	大号（XXXL）	人身防护	克拉美丽天然气处理站应急库房	2019/10/1	10具			
哨子		通讯联络	克拉美丽天然气处理站应急库房	2019/10/1	5个			
手持扩音器	ML-619U	通讯联络	克拉美丽天然气处理站应急库房	2019/10/1	2台			
全身式安全带		人身防护	克拉美丽天然气处理站应急库房	2019/10/1	2套			
救生绳	KHK-102	人身防护	克拉美丽天然气处理站应急库房	2019/10/1	2条			2024.10.1
望远镜		工程抢险	克拉美丽天然气处理站应急库房	2020/8/20	1副			

图 5-16　应急物资台账图

应急物资使用：应急物资不同于一般物资，在紧急情况下可先做好简单记录或告知后优先使用应急物资，再补办相关使用消耗手续。系统界面如图 5-17 所示。

采气一厂应急物资使用（消耗）登记表

应急物资调用						物资消耗	应急物资归还入库			
调用时间	应急物资名称	数量	用途	批准人	经办人签字	消耗数量	入库时间	入库数量	物资完好情况检查	验收人签字

图 5-17　应急物资使用登记表

14. 药品健康管理

不同部门对药品进行分发后，材料员或工会主席执行入库操作，且对药品消耗及药品时效等信息进行维护。当药品库存量较低或接近失效日期时进行高亮颜色预警，系统支持查看药品采购计划（急救与爱心药品采购计划同步生产经营智能协同办公系统中的数据）。

防暑降温药品：由质量安全环保科分发，材料员直接入库管理（表 5-18）。

表 5-18　防暑降温药品入库单

主表字段		
字段名称	字段类型	备注
药品名称	单行文本	
数量	单行文本	
材料员	当前操作人—自动代入	
日期	单行文本	
入库地点	单行文本	

急救药品管理：同步数据公司开发的生产经营智能协同办公系统中急救药品采购计划数据，由人事（组织）科分发，材料员按药品采购计划入库并管理（表 5-19）。

表 5-19　急救药品入库单

主表字段		
字段名称	字段类型	备注
申请单位	浏览按钮—单位，单行文本	10 个字段
申请人	当前操作人—自动代入	
申请原因	单行文本	
药品名称	单行文本	
药品厂家	单行文本	
数量	单行文本	

主表字段		
字段名称	字段类型	备注
单位领导审批	单行文本	
日期	单行文本	
抄送	人事（组织）科	

爱心药品管理：同步数据公司开发的生产经营智能协同办公系统中爱心药品采购计划数据，由企业文化科（工会办公室）分发，各单位工会主席按药品采购计划入库并管理（表 5-20）。

表 5-20　爱心药品入库单

主表字段		
字段名称	字段类型	备注
申请单位	浏览按钮—单位，单行文本	10 个字段
申请人	当前操作人—自动代入	
申请原因	单行文本	
药品类型	选择文本框	下拉选框（外用药品、感冒药品、腹泻药品、跌打扭伤药品、小工具）
药品名称	复选及单行文本	外用药品：创可贴、碘伏、酒精、其他（文本输入） 感冒药品：抗病毒颗粒、四季感冒胶囊、其他（文本输入） 腹泻药品：乳酸菌素片、整肠清、其他（文本输入） 跌打扭伤药品：云南白药气雾剂、其他（文本输入） 小工具：纱布、医用胶带、棉签、其他（文本输入）
数量	单行文本	
单位领导审批	单行文本	
日期	单行文本	

药品消耗：对使用药品进行管理，生成药品消耗记录表（表 5-21）。

表 5-21　药品消耗记录单

主表字段		
字段名称	字段类型	备注
药品类别	单行文本	
药品名称	单行文本	
数量	单行文本	

主表字段		
字段名称	字段类型	备注
领用日期	浏览按钮—日期	自动代出当前日期
领用人	单行文本	
发放人	单行文本	

系统台账如图 5-18 所示。

序号	药品名称	药品分类	单位	最低库存	最高库存	当前库存	库存状态	时效	存放地点
1	感冒灵	感冒药品	盒	5	100	55	正常	2019.11-2022.11	爱心小药箱
2	云南白药气雾剂	跌打扭伤药品	瓶	8	50	56	正常	2019.11-2022.11	爱心小药箱
3	乳酸菌素片	腹泻药品	盒	15	80	3	库存过低	2018.09-2021.08	爱心小药箱
4	纱布	小工具	卷	22	80	50	正常	2019.11-2022.11	健康小屋
5	医用胶带	小工具	卷	50	90	30	库存过低	2019.11-2022.11	健康小屋
6	碘伏	外用药品	瓶	54	100	25	库存过低	2019.11-2022.11	爱心小药箱

图 5-18　药品台账

15. 物资分类

物资分类标准根据集团公司下发的采购物料组 60 大类进行划分（名称及编号不可自行修改），支持识别物资采购计划中的物料组编码进行自动归类（图 5-19）。

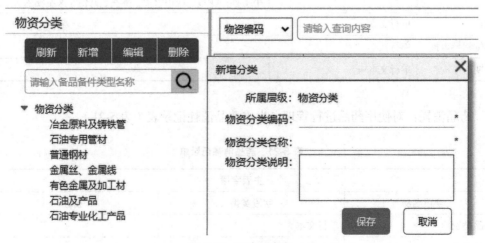

图 5-19　物资分类表

显示分类：点击分类结构树的任意节点，就能够看到当前分类的详细信息以及该分类下物资目前的库存情况。

新增分类：点击分类结构树的任意节点，进行新增，新增信息包括分类编码、分类名称和分类说明。

编辑分类：点击分类结构树的任意节点，进行编辑，编辑后自动刷新分类结构树。

删除分类：点击分类结构树的任意节点，进行删除，执行删除后，自动刷新分类结构树；分类被删除的前提是该分类下没有物资信息。

16. 物资档案管理

建立物资档案信息，包括所属物资分类、编码、名称、规格、型号、最高库存、最低库存、单位成本、厂家信息，以及物资的随货资料等并支持查看物资二维码。系统用户可通过物料编码进行检索，查看合格证、质量证明书、说明书、图纸等技术资料（图 5-20）。

物资无动态展示：无动态物资是指按最后一次操作（出入库领用）开始计时，超一年无任何操作即为无动态物资。系统通过不同颜色来展示一年无动态（黄色）、两年无动态（橙色）、三年无动态的物品（红色）；系统可根据月份查询历史报表，也可点击生成报表。

库存预警：当物资库存数量低于系统基础配置中所设置的库存数量提醒值时，页面数据库存数量变红色字体显示。操作字段有物资编号、物资名称、类别、所属仓库、物品数量等。

序号	物资编码	物资名称	物资分类	单位	最低库存	最高库存	当前库存	库存状态	厂家	存放地点
1	BGYP001	自救呼吸器	工程工具	个	5	100	55	正常		厂区综合库房
2	BGYP002	疏散指示灯	工程工具	个	8	50	56	正常		厂区综合库房
3	BGYP003	铰链	工程工具	条	15	80	3	库存过低		厂区综合库房
4	BGEP004	气泵	工程工具	台	22	80	50	正常		厂区综合库房
5	BGEP005	JT-1A型端式接头	工程工具	个	50	90	30	库存过低		作业区6号库房
6	BGEP006	RP型包塑金属软管	工程工具	根	54	100	25	库存过低		作业区6号库房
7	BGEP007	螺栓M20X130	工程工具	个	11	50	66	库存过高		作业区8号库房
8	BGEP008	防尘圈GP1-2600	工程工具	个	45	56	12	库存过低		作业区8号库房
9	BGEP009	轴用Yx圈GY1-2600	工程工具	个	56	150	8	库存过低		作业区7号库房
10	BGEP010	下轴承套	工程工具	套	12	60	22	正常		作业区7号库房

25 ▼ |< < 第 1 页 共 56 页 > >| 当前显示第1-25条记录

图 5-20 物资动态及库存状态

17. 消耗管理

消耗领用：按照生产需求，材料员填写物资消耗领用申请单，经过基层单位负责人审批之后，材料员进行多项物资批量消耗盘点确认，并形成基层单位物资消耗明细，基层单位现场库存里自动减少物资数量。

18. 消耗领用审批

基层单位主管领导对发起的物资消耗领用申请进行审批（确认），如填写信息错误，可原路退回重新发起申请。

现场物资管理：由基层单位材料员将无计划的现场物资台账导入系统，并进行维护，在物资使用时统一按照消耗管理来进行申请和审批（图 5-21、表 5-22）。

基层单位	计划编号	物资编码	大类	物料组	物资名称规格及型号	计量单位	单价	数量	金额	存货单位	库房名称	入库日期	无动态日期	四号定位	资金来源	备注
必填	选填	必填	必填	必填	必填	必填	必填	必填	必填	必填	必填	选填	选填	必填	选填	选填
	1	10002383273	07	07050105	天然气发动机油 特级低灰分燃气发动机油 5200 SAE 40	Kg	21.23	220	4670.6	盆5	1#库			料棚		在用

图 5-21　现场物资台账导入

表 5-22　消耗领用申请单

主表字段		
字段名称	字段类型	备注
计划号	浏览按钮—计划，单行文本	10 个字段
器材编码	单行文本	依据计划自动代出
名称规格及型号	单行文本	依据计划自动代出
物料组	单行文本	2 个字段，依据计划自动代出，必填
计量单位	单行文本	依据计划自动代出
数量	单行文本	依据出库单自动代出
出库日期	单行文本	依据出库单自动代出
使用单位	单行文本	依据出库单自动代出
相关附件		自动代出
明细表字段		
使用地点	单行文本	
使用日期	浏览按钮—日期	自动代出当前日期
使用数量	单行文本	依据出库单代出，必填，可修改
申请人	单行文本	
审批人	浏览按钮—人员	

消耗确认：材料员对已消耗的物资数量进行盘点，确认实际物资消耗数量，填写物资确认单，系统根据消耗确认单填写的消耗数量自动对库存数量进行修改（表 5-23）。

表 5-23　消耗盘点确认单

主表字段		
字段名称	字段类型	备注
计划号	浏览按钮—计划，单行文本	10 个字段
器材编码	单行文本	依据计划自动代出
名称规格及型号	单行文本	依据计划自动代出
物料组	单行文本	2 个字段，依据计划自动代出，必填
计量单位	单行文本	依据计划自动代出
数量	单行文本	依据消耗领用单自动代出
出库日期	单行文本	依据消耗领用单自动代出
使用单位	单行文本	依据消耗领用单自动代出
相关附件		自动代出
明细表字段		
消耗地点	单行文本	自动代出消耗领用单地点
消耗日期	浏览按钮—日期	自动代出消耗领用单日期
消耗数量	单行文本	依据消耗领用单代出，必填，可修改
消耗确认人	单行文本	自动代出单位材料负责人

19. 成本结算

由作业区材料员对使用物资按月度进行（基层单位现场物资的）结算单价维护，保留手动更改的功能。

单个结算：可点击结算按钮填写物资结算单价，对物资进行结算。

批量结算：可导出结算模板，填写器材编码及规格型号等信息导入结算单价。如有重复物资的价格冲突，取近三期的平均值录入系统（表 5-24）。

表 5-24　物资单价批量导入模板

器材编码	名称规格型号及材质	结算单价

成本预警：成本预警功能，是根据厂对作业区每年度规定总成本进行管理及统计，当年结算记录金额达到所规定额度的 50%、80%、100% 时通过消息提醒的方式通知材料员进行成本预警。

20. 统计报表

报表主要分类为：日报表、月报表、年报表、入库报表、库存盘点报表等，与报表服务集成，提供相关报表统计功能。

1）入库记录报表

以月为单位查询每个月的入库记录，通过图表的方式来进行展示，可进行环比，查询本月与上月的入库记录变化，也可进行同比，查询与上一年入库记录的变化。

2）出库记录报表

以月为单位查询每个月的出库记录，通过图表的方式来进行展示，可进行环比，查询本月与上月的出库记录变化，也可进行同比，查询与上一年出库记录的变化。

3）消耗物资报表

可根据消耗二次确认物资数量以月为单位查询每个月的消耗记录，通过图表的方式来进行展示，可进行环比，查询本月与上月的物资消耗变化，也可进行同比，查询与上一年的消耗变化。

4）积分统计管理

系统按用户积分多少形成排行榜，用户登录系统可进行签到，第一天 1 积分，连续登录第二天时 2 积分，第三天以后每天累计 3 积分，如签到断开则从第一天重新叠加，当系统用户对物资进行入库及消耗操作时也可获得相应积分（用户可消耗积分在管理员处兑换奖品，用户积分由管理员进行维护）。

5）统计盘点分析

以月为单位查询每个月的库存情况，可查询本月与上月的库存情况，也可进行同比，查询与上一年的库存情况。此外，还可按照年、季、月度对仓库进行不同区域的盘点，做到账、物一致。

系统可形成基层单位内部物资消耗明细、大类明细，并导出 Excel 表格（表 5-25、表 5-26、图 5-22）。

表 5-25　基层单位物资消耗大类统计表（月度）

单位名称	大类名称			大类名称			大类名称			……	大类名称			合计		
	项数	计划金额	消耗结算金额	项数	计划金额	消耗结算金额	项数	计划金额	消耗结算金额	……	项数	计划金额	消耗结算金额	项数合计	计划金额合计	结算金额合计

表 5-26　基层单位物资库存大类统计表（月度）

单位名称	大类名称			大类名称			大类名称			……	大类名称			合计		
	项数	计划金额	结算金额	项数	计划金额	结算金额	项数	计划金额	结算金额	……	项数	计划金额	结算金额	项数合计	计划金额合计	结算金额合计

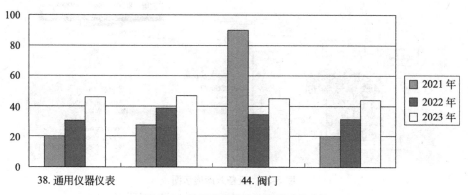

图 5-22　基层单位物资库存图（年度）

21.数据驾驶舱

驾驶舱主要为管理提供"一站式"决策支持的汇总、分析、展示界面。通过各种常见的图表（柱形图、环形图、预警雷达等）形象标识物资仓储采购计划、物资库存情况、出库、入库等管理的关键指标，实现对指标的逐层细化、深化分析，将采集的数据形象化、直观化、具体化，可以对异常关键指标预警和挖掘分析（图 5-23）。

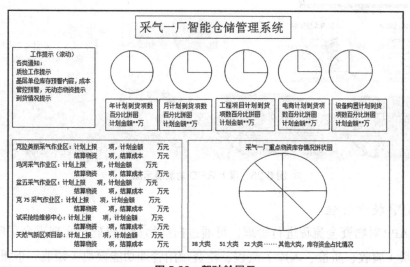

图 5-23　驾驶舱展示

22. 入库扫描

将工程库（5库）一料区作为试验料区，选用52大类法兰物资作为试验物资，物资通过闸门可适时发出警报，用于提醒保管员物资到达指定地点，可通过掌上型RFID设备扫描物资条形码，快速办理入库手续，且通过射频功能，自动进行四号定位（图5-24）。

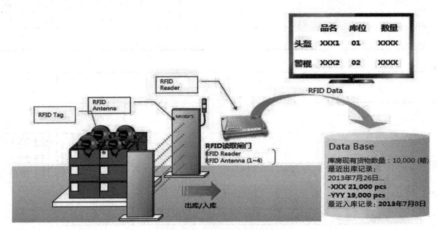

图 5-24　设备入库展示图

23. 出库扫描

相同型号或外观的产品有唯一标识，经由管理系统与掌上型RFID设备进行出货清单比对，快速精准确认出货内容（图5-25）。

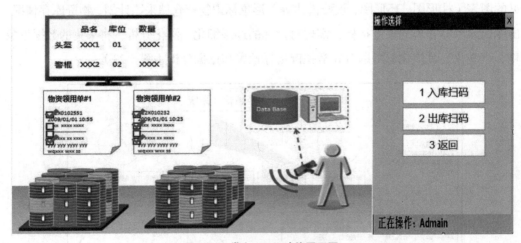

图 5-25　掌上RFID功能展示图

24. APP物资管理

使用APP对物资全流程进行管理，可通过扫描物资二维码，实现平台采购计划管理功能模块（验收、质检、入库）流程、物资领用管理功能模块（领取、审批、出库、回退）流程以及物资管理功能模块（物资消耗流程管理）、成本管理功能模块（成本预警）、RFID 物资管理功能模块（扫描出入库功能）流程。

5.8　完整性系统

5.8.1　业务分析

油气田的管道完整性管理目前分两种情况：长输管线使用管道完整性管理系统（A9）进行数据采集和完整性分析；集输管线和站场目前仍然使用手工方式，将数据采集到 Excel 表格中，然后在 Excel 表格基础上进行计算分析。

油气田拥有多条集输和长输管道，大中型站场多，有着海量的设备、设施需要进行完整性管理。建设油气田管道与站场完整性管理系统，基础数据的收集和业务功能的建设都是迫切、艰巨且长期的任务。就目前阶段看，管道与站场完整性运行管理功能分为完整性管理数据库建设以及配套的完整性管理功能规划及渐进式实现。

5.8.2　模块功能

目前已建有站场完整性管理的基础平台，主要的架构如图 5-26 所示。

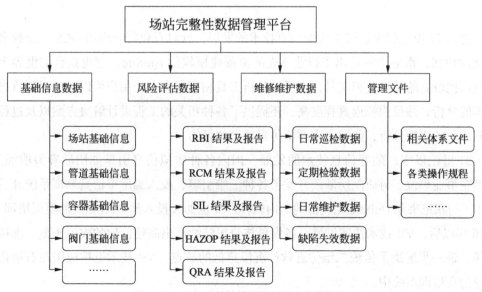

图 5-26　站场完整性管理数据平台功能架构

已建站场完整性管理平台，因 B/S 架构的灵活性，可以推动其给油气田完整性管理系统提供自动接口数据的能力（图 5-27）。

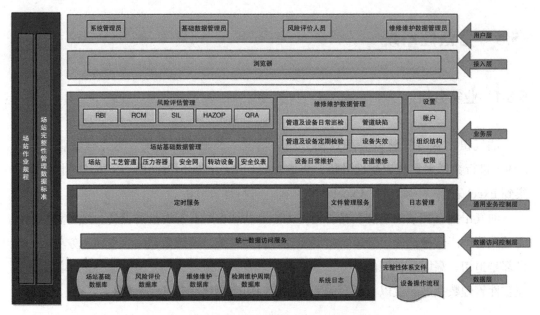

图 5-27　站场完整性管理数据平台分层体系结构

5.9　虚拟仿真培训系统

进入 21 世纪以来，随着虚拟仿真技术的发展，针对石化行业应用 DCS 系统越来越广泛的现状，霍尼韦尔推出了行业领先的流程建模软件 UniSim，它也是目前世界上技术层面比较高的动态模拟工具，内置的分析工具相当强大，让用户可以对工程项目进行快速的分析，并且模拟逼真程度高，还提供了各种相关的工程设计解决方案以及过程设计相关联的模拟分析，能够实现虚拟仿真培训的目的。

21 世纪以来，随着信息技术的发展，国内各种虚拟仿真引擎如雨后春笋般涌出，各种企事业单位、科研院所陆续开发了各种三维引擎，投入到虚拟仿真培训系统开发过程中。与霍尼韦尔 UniSim 相类似的国内软件厂商也加大投入到 DCS 相关的模拟培训上。2010 年以后，VR 技术快速发展，各大科技公司陆续推出高性价比的虚拟头盔、虚拟眼镜等，进一步解决了传统二维仿真软件沉浸感低的缺点，VR 技术也被应用在石油化工行业仿真培训系统中。

当前 OTS 仿真培训主要包括在线和离线两种方式。

（1）在线方式：用户通过 Web 端登录在线学习考试系统，在培训系统中进行在线试题练习和考核、动画视频课件播放学习、现场录制教学视频学习。

这种方式的优点是学员能够不受场地、时间的限制，通过多种外设、例如手机、平台、电脑等进行培训。不足之处是由于采用传统的试卷练习、视频播放讲解方式培训，学员大多是被动接受式学习，培训效果欠佳。

（2）离线方式：在培训厂房内搭建"微型工厂"实物模型，学员可以现场操作设备设施，现场仪表可实时显示当前的流量、压力等，培训更直观。不足之处是设备与模拟的 DCS 系统相连接，只能在 DCS 系统上看到二维工艺流程，不够直观，而且设备投资较大，受场地等因素限制。

5.9.1 业务分析

虚拟仿真培训系统用于最大限度地模拟准噶尔盆地油气田企业典型生产工艺的真实现场环境，通过人机交互式的培训模式，使生产人员及管理人员、应急救援人员能够可视化参与到安全生产培训和应急演练过程当中，并能够模拟各级人员进行相关应急联动。通过反复的桌面虚拟应急演练，使各级救援人员熟悉救援过程、应急预案响应流程，增强指挥人员与救援人员配合默契程度，从而更大限度地发挥救援战术优势，确保第一时间完成救援任务。应急演练培训系统软件部分以虚拟仿真培训系统和应急演练桌面推演培训系统两大模块进行设计，系统硬件部分由多通道环幕投影、头戴式虚拟现实眼镜系统和室内计算机培训网络组成，可以满足大型演示与日常培训的需要。同时配套建设用于网络化培训和信息化管理的培训管理平台，有效提升安全应急教育培训的实施与管理水平。

虚拟仿真培训核心功能需包括模型展现、基本操作、VR 模式、多人协同、骨骼动画、粒子系统、模型轻量化以及安全性等方面。

本系统采用虚拟仿真技术，以可视化云协同系统的轻量化可视化引擎为基础严格按照国家核电安全生产仿真和法律法规，以《油气田操作员岗前安全培训教材》为基础，利用国际领先的虚拟现实和三维仿真技术开发而成。虚拟操作培训系统紧紧围绕着油气田安全培训，搭建了完整的、系统的、可视化的应用平台，提供基于虚拟现实的人机交互演练，大幅度提升学员的实际操作能力和安全防范意识。该系统由场景三维建模、学员端三维场景软件、现操培训管理工作站等部分构成。

1. 系统结构

系统需采用 CS 模式架设，由现操培训管理工作站、学员端三维场景软件、数据服务器、应用服务器、模拟机、外设设备等组成，结构如图 5-28 所示。

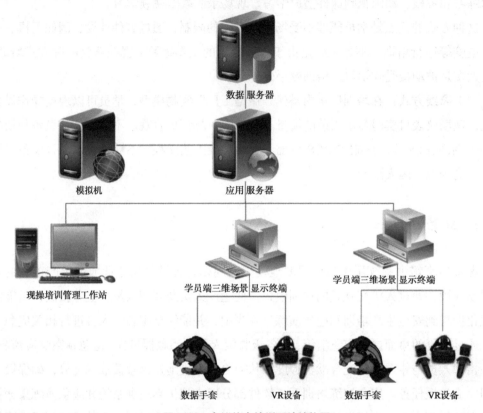

图 5-28　虚拟仿真培训系统结构图

要解决的有以下几个关键技术问题：

（1）开发多种交互式仿真模式，实现多三维场景设备设施的交互、多人协同环境下的交互式操作技术、多硬件（VR 眼镜、数据手套等）兼容下的交互仿真。

（2）VR 流程演示及仿真模拟过程中，能够实时进行空间碰撞检测，通过算法计算避免虚拟人员及设备物体之间发生碰撞。

（3）基于可视化的三维场景，开展物理仿真技术研究，在工艺流程仿真及操作培训过程中进行物态模拟，更加真实地模拟现场操作过程。

（4）与实时数据库、在线学习考试系统等对接，构建包含完整的场景漫游、工艺模拟、流程推演、培训考核的实训系统，实现多维度对员工进行培训考核。

2. 建设目标

优化培训模式，研究开发一套基于 C/S 模式复合式结构的 4D 虚拟仿真培训平台，制定并实施相应的设备操作流程的仿真培训场景、应急预案培训场景、工艺流程动画模拟，关联生产实时数据，结合 VR 眼镜等智能设备，实现平台虚拟操作和三维场景互动，从而解决传统培训方式枯燥、效率低、记忆短暂，应急方案演练投入大、频率低、不可控风险较高等问题，做到投入低、频次高、无风险。

该系统主要研究技术包括以下3方面。

（1）交互式仿真技术研究。开发完成一套基于4D虚拟仿真技术在天然气深冷站场的实操培训平台，进行需求调研分析、系统设计、编码、测试等流程，实现以动画、语音、文本、视频等形式模拟设备实际投运、运行、停运等操作流程。平台设计架构如图5-29所示。同时学员能够结合VR、光学手套、力反馈等虚拟现实设备进行交互操作，增加培训学员的沉浸感，能够更加真实地模拟现场操作环境，提高学员的培训效果，并兼容多专业模型、海量元件级管理、内置轻量化三维可视化引擎和人机工程模型。

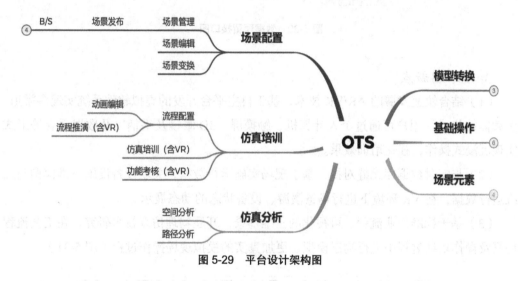

图5-29 平台设计架构图

（2）多系统、多平台融合的培训体系构建研究。开发预留标准数据接口对接实时数据库中的设备实时运转数据及员工考核系统数据，构建完整场景漫游、工艺模拟、流程推演、培训考核实训系统，实现数据读取与展示、输入与输入进行闭环，实现从多个角度，多个维度对员工进行培训考核（图5-30）。

（3）VR场景下的培训考核技术及实时动态空间检测技术研究。通过制定并实施12套设备操作流程的仿真培训，结合站场现有流程，梳理分析操作流程的关键因素以及范围，在线构建一个具备"学""练""考"功能的仿真培训操作流程。依托站场梳理基于4D虚拟仿真技术在天然气深冷站场的实操培训所涉及的业务内容与业务流程。通过事故动态模拟技术研究，结合调研现有应急操作方案及工艺流程步骤，梳理分析相关节点，制定并实施应急预案培训流程及工艺流程动画模拟进行直观展示，提高学员学习效率。

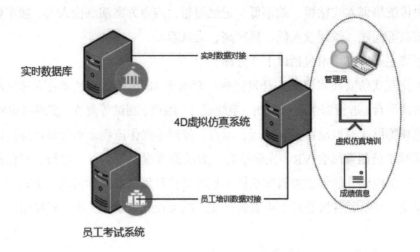

图 5-30　数据预留接口图

3. 技术创新点

（1）结合快速发展的 AR/VR 技术，基于自主平台开发的虚拟软件系统实现多渠道、多载体的集成，用户可通过个人计算机、触摸屏、3D 眼镜及手柄以及数据手套等形式实现沉浸式操作，强化培训效果。

（2）与实时数据库无缝对接，基于现场实施运行数据，关联设备设施三维模型与二维运行数据，在 VR 环境下进行场景漫游、设备状态的动态展示。

（3）基于标准作业流程、可视化的三维场景，开展物理仿真技术研究，在工艺流程仿真及操作培训过程中进行物态模拟、更加真实的模拟现场操作过程（图 5-31）。

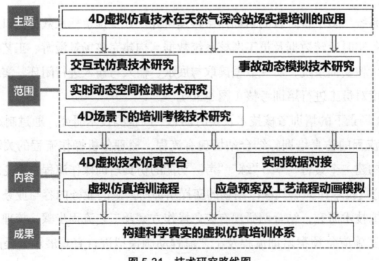

图 5-31　技术研究路线图

通过对交互式仿真技术、事故动态模拟技术、VR 场景下的培训考核技术、实时动态空间检测技术以及多系统、多平台融合的培训体系构建等开展研究，开发完成 4D 虚拟技术仿真平台，实现与实时数据库、在线考试系统等多平台数据对接，模拟虚拟仿真培训流程及应急预案和工艺流程动画模拟，构建了一套科学真实的虚拟仿真培训体系。

5.9.2　模块功能

模块功能见表 5-27。

表 5-27　虚拟仿真培训系统功能清单

功能名称	功能描述
三维场景模拟	建立真实的典型工艺场景，符合典型装置、生产现场、设备、工艺一体化呈现的原则，创建涵盖石油行业的采油采气、集输、油气处理、外输等工艺和炼化行业的典型装置的培训场景，展示采油采气井场→计量站→联合站（处理）→炼油厂典型生产工艺过程
安全生产知识培训	安全、应急、环保等知识库，可对学员进行国家有关法律法规、集团公司 HSE 管理体系及应急预案、应急管理专业知识、应急救援和应急响应知识、HSE 管理体系等方面的基础知识培训
典型工艺培训	针对油气田，利用 3D 仿真技术在三维虚拟场景中展现设备个体，同时真实形象地展示设备的基本信息、设备结构、工作原理、标准操作、故障分析、历史事故分析等内容
隐患管理培训	系统模拟人在回路的巡检状态，即员工在三维场景中进行巡检，发现教员预设置的相关安全隐患后，可对隐患进行标绘及隐患详情描述，同时通过系统进行隐患信息上报，分配相关人员进行隐患整改，系统保留隐患整改时间、整改人、整改方法及整改结果等。可对学员进行隐患处理流程、隐患处理方法等培训，便于学员在真正安全生产中优化隐患处理流程、方法，同时便于不同专业隐患整改经验的积累
应急演练培训	采用虚拟现实技术建立与实际相同的立体交互式环境，能够产生与实际现场相同的视觉和听觉感受，包括安全事故发生时的过程和各种现象（如设备运行状态、排液、排气、泄漏、着火、冒烟等），具有非常高的画面冲击力、强烈的沉浸感和真实感。受训者置身其中如同身临其境，各受训者分别担任不同的岗位职责，可以像在真实环境下一样视、听并按预案进行分角色协同演练，与实际最为接近
事故设置模块	结合装置实际情况，设置如"火灾爆炸、中毒泄漏"等重大事故。同时可以设置事故背景、初次灾害状况、相关环境条件等，如：人员伤亡情况、类型及位置，装置生产状态，天气状况等
角色设置模块	根据需要设置各种角色组，每个角色组可以是一人或多人来完成自己角色组的任务
岗位协同模块	对各个角色组进行同步处理，包含信息同步、数据同步、语音同步等
训练操作模块	根据不同的角色任务，完成不同的训练控制与操作。各角色组可以按照指挥指令结合事故状况进行相应的处置方法选择与操作

续表

功能名称	功能描述
过程记录模块	对整个操作过程进行记录。可记录操作动作和声音文字等全过程，以供讨论、评估时候查询与回放
结果评估模块	统计指挥演练结果，如事件控制时间、出动的资源、人员伤亡情况、物料损失情况等

6

地面工程数字化平台数字化移交应用

6.1 实施策略和方法

数字化管理平台的实施覆盖了准噶尔盆地油气田各机关、各厂处、各作业区。整个实施在内容、范围、规模和所涉及的技术层面都很大，投资规模也很大，是个典型的大项目。大项目的管理远远比一般规模项目的管理困难，而有效合理地运用大项目管理方法则是保证项目顺利进行的必要条件之一。

对于数字化管理平台这样大型项目需要建立项目管理办公室来协调所有相关信息、资源和关联问题的活动。项目管理办公室是一个用于管理大项目的有效管理机构，它不是一个常设机构，而是因大项目的需要而产生和建立的（图6-1）。作为信息技术实施的部分，项目管理办公室是管理项目实施原则和流程的机构。项目管理办公室通常由多方面人员组成，包括业务、IT技术和人力资源管理人员等，他们应有效协同工作以保证项目的成功实施。

项目管理办公室的职责包括：

（1）根据项目的总体目标和策略，定义关键子项目，明确各项目应达到的效益和成果（项目的效益必须是具体的和可量化的），识别可能面临的困难和风险（包括技术风

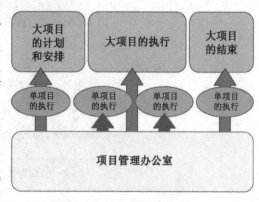

图 6-1　大项目的组织机构

险、跨地域风险、变革的阻力、时间压力等），同时对关键子项目进行优先顺序的排列。

（2）制订项目整体规划，包括定义项目之间的关联关系、项目整体计划和各子项目的进一步规划。

（3）建立科学而合理的项目管理流程，定义相关文档和报告的格式模板，决定项目管理工具和系统的使用。

（4）进行跨项目的管理和控制，包括项目计划管理、范围管理、问题管理、风险管理、沟通管理、供应商管理、财务管理、变革管理、质量管理。

6.2　实施计划

6.2.1　数字化交付

1.常见组织架构

常见的数字化交付组织有 3 种：

（1）PMT+EPC 管理模式。该模式下由业主负责实体工厂和数字工厂的整体规划，业主拥有数字工厂建设清晰方案，可以提出数字化工厂规划，有目地提出数字化建设、集成、交付和后期开发的要求。其劣势是需要将数字化工作分配给各方，协调工作量较大，标准适用性差，面对不同的 EPC 分包商（图 6-2）。

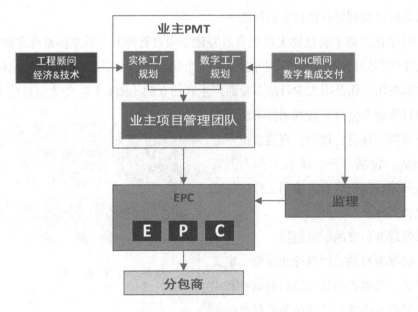

图 6-2　PMT+EPC 管理模式

（2）业主 +PMC+EPC 管理模式。该模式下由业主主导实体工厂规划，由业主与项目管理团队（即 PMC）签署合同，由 PMC 统一管理项目和数字化交付，其优势是可以提高管理水平，由专业 PMC 团队去规划，对于业主来说可以精简管理机构（图 6-3）。

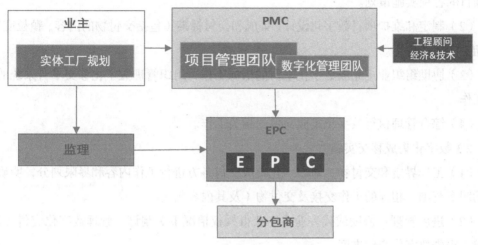

图 6-3　业主 +PMC+EPC 管理模式

（3）业主 +IPMT+EPC 管理模式。该模式下业主与项目管理团队（PMT）和数字化管理团队（DHC）签署合同，由业主直接管理，业主可以有目的地参与部分管理、从考虑后期运行维护方面去提出数字化标准和要求，可直接要求承包商等。为达成最终的目标，业主需要建立公司级高度的数字化战略，从后期运维方面提出要求和建设标准。前期准备工作要提前于 EPC 招标（图 6-4）。

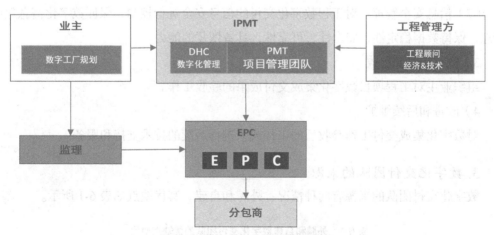

图 6-4　业主 +IPMT+EPC 管理模式

2. 数字化交付团队

数字化交付团队是由专业的技术人员组成的队伍，包括数字化交付专家、数字化交付工程师、质量工程师、软件技术工程师等，其主要工作内容如下。

1）综合策划和整体管理

（1）协助业主或代表业主（获得授权情况下），在项目开始前期进行数字化集成交付项目的各项实施策划。

（2）制定和维护项目数字化设计、集成和交付标准（包括交付物的内容、颗粒度等）及相关的工作规定。

（3）协助组织业主完成数字化平台的招标工作，组织管理数字化移交平台系统的实施工作。

（4）综合管理执行数字化集成交付的相关工作。

2）数字化集成移交实施

（1）工作界定和交付物：对数字化集成交付各方进行工作内容和界限划分，明确各自的职责范围、相互的工作交接及交付物（及其内容）。

（2）进度管理：协助或代表业主（获得授权情况下）制订、管理数字化交付计划，监控、报告数字化交付进度。

（3）质量管理：制定数字化集成交付的质量管理方案，确保交付内容的质量。

（4）沟通管理：协助业主建立数字化集成交付专题的沟通机制，协调设计技术条件，积极发现并处理问题，及时处理变更及其影响。

（5）人力资源：组织、培训并测评数字化集成交付参建方相关人员，提高人员的工作能力。

（6）风险控制：控制实施工程中的风险，有效识别、防范和减轻对工作的影响。

（7）信息安全管理：对工程数字化交付的信息安全进行控制，保证数字化信息集中管理，保持数据稳定性、安全性、可靠性，具备恢复的能力。

3）数字化移交验收

组织业主对工程项目数字化集成交付成果的验收工作。

4）改进和后续维护

对数字化集成交付工作验收后的工作成果进行后续的技术支持和服务。

3. 数字化交付团队的来源

数字化交付团队的来源有两种情况：外聘和自建，其优缺点如表 6-1 所示。

表 6-1 外聘和自建数字化交付团队的优缺点对比

	外聘	自建
优点	（1）更专业，有成套的管理体系； （2）通过合同考核，便于管理	（1）实施费用相对较低； （2）实施团队比较稳定，技术有积累

	外聘	自建
缺点	（1）每个项目都需要外聘，费用相对较高； （2）外聘团队多为临时组建，虽有管理体系支撑，但是前期需要一些时间磨合； （3）项目结束后业主自身没有技术沉淀	（1）需要时间建立完善的管理体系，指导项目工作； （2）人员不好培养，存在人员外流的风险
费用组成	人工成本＋差旅（含住宿、机票等）＋补贴＋奖金＋利润	人工成本

为保证油气田的数字化工作能持续演进，油气田需要有自己的数字化交付团队，因此建议针对项目初期建议采用外聘团队的方式，同时油气田公司可以安排人员参与到项目中学习，通过一到两个项目的实施跟进和持续学习，以后的项目就可以由油气田自己的数字化交付团队来完成实施工作。

6.2.2　阶段划分与建设工期

建议采用"总体部署，分年实施"的方式逐步建设油气田地面工程数字化管理平台，持续 3 年时间，具体如表 6-2 所示。

表 6-2　油气田地面工程数字化管理平台实施计划

顺序		建设内容	里程碑
第一阶段	1	建立标准规范	建立编码规定、数据字典、采集规范、移交规范等标准
	2	可视化云协同系统	完成多方可视化云协同系统的研发，实现二维、三维模型和文件的审查功能
	3	项目综合管理系统	完成项目综合管理系统的研发，接入现有系统的数据，实现建设期数据的流通整合
	4	数字化工厂移交系统	完成数字化工厂移交系统的研发，实现设计、采购、施工、试车等阶段的模型和数据的整合
第二阶段	1	三维看板系统	完成三维看板系统研发，实现各系统数据集中可视化展示，辅助管理层决策
	2	生产运维系统	完成生产运维系统的研发，接入移交系统和物联网系统的数据，实现资产台账、运维工单、备品备件等功能
	3	虚拟仿真培训系统	完成虚拟仿真培训系统的研发，可进行虚拟工艺培训和消防演练
第三阶段	1	管道与站场完整性管理系统（集输）	完成完整性管理系统的研发，接入移交系统和运维系统的数据

6.2.3 实施进度安排

本项目计划实施周期为三步走，建议实施进度计划如表 6-3 所示。

表 6-3 实施进度计划

顺序	阶段	任务名称	
第一阶段	实施阶段	可视化云协同系统实施	系统部署
			测试
			上线试运行
		数字化移交系统实施	编制《数字化移交统一规范》
			系统部署
			测试
			上线试运行
		项目综合管理系统实施	系统部署
			测试
			上线试运行
	验收阶段	可视化云协同系统验收	
		《数字化移交统一规范》验收	
		项目综合管理系统验收	
		数字化移交系统验收	
		三维看板系统验收	
第二阶段	实施阶段	三维看板系统实施	系统部署
			测试
			上线试运行
		生产运维系统实施	系统部署
			定制开发
			测试
			上线试运行
		虚拟仿真培训系统实施	系统部署
			定制需求收集
			定制开发
			测试
			上线试运行
	验收阶段	项目综合管理系统验收	
		生产运维系统验收	
		虚拟仿真培训系统验收	

顺序	阶段		任务名称
第三阶段	实施阶段	管道与站场完整性管理系统	需求收集
			开发
			测试
			上线试运行
	验收阶段	管道与站场完整性管理系统验收	

1. 第一阶段实施

为加快平台建设速度，结合油气田地面工程建设项目搭建符合油气田需要的数字化管理平台，第一阶段完成建设以下内容（表6-4）。

表6-4　油气田地面工程数字化管理平台2018年建设内容

序号	建设内容	说明
1	建立标准规范	完成编码规定、数据字典、采集规范、移交规范等标准的编制，与数字化移交系统一起实施上线试运行
2	可视化云协同系统	完成多方可视化云协同系统的研发，实现模型和文件的二维、三维审查功能
3	数字化移交系统	完成数字化工厂移交系统的研发，实现设计、采购、施工、试车等阶段的模型和数据的整合
4	项目综合管理系统	完成项目综合管理系统的研发，接入现有系统的数据，实现建设期数据的流通整合

油气田地面工程建设项目主要涉及的阶段及其数据有可研阶段、设计阶段、采购阶段、施工阶段，各阶段涉及的系统和单位各不相同。

1）可研阶段

设计院完成可研阶段，因此只需要将形成的可研报告及相关资料移交至数字化工厂的移交系统中即可。同样的，建设单位关于本项目的立项、行政许可等文件资料也要移交至数字化工厂移交系统（图6-5）。

2）设计阶段

设计阶段主要涉及的单位和部门有设计单位、建设单位、施工单位、概预算管理部、设备处等。项目已进入施工图设计阶段，前期进行的工作相关资料如概预算资料、设备选型资料等需要通过可视化云协同系统移交至数字化工厂移交系统。设计单位完成设计后，将三维设计和二维设计的成果上传到可视化云协同系统中，建设单位和施工单位可以在协同系统中进行二维、三维审查工作，将审查过程中发现的问题和建议提交到系统中，并指定给设计单位相关人员处理，直到问题解决。设计单位需要将施工涉及的文件、图纸等上传至数字化工厂移交系统。设计相关的模型、数据和文件需要从协同系统中移交至数字化工厂移交系统中（图6-6）。

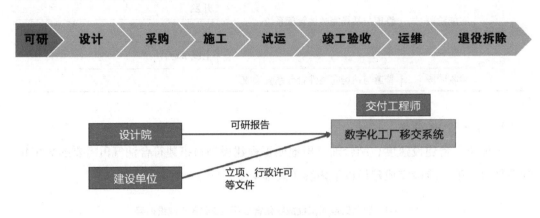

图6-5 可研阶段相关单位、系统业务流程

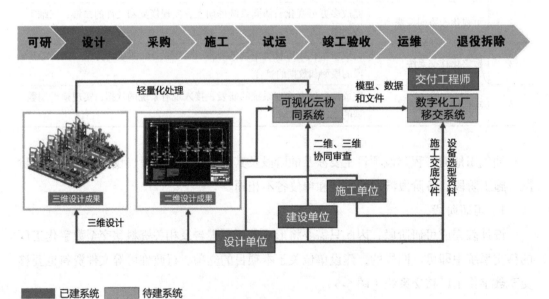

图6-6 设计阶段相关单位、系统业务流程

3）采购阶段

采购阶段主要涉及的单位和部门有设计单位、建设单位、物资管理部、物资供应公司。

设计单位设计的模型、数据和材料表经过协同系统进入数字化工厂移交系统。

建设单位从移交系统中获取石油安装工程量和材料表，对两者进行对比审核，形成最终的采购工程量，并在 ERP 系统中进行采购申请。

物资管理部在接收到各单位提交的采购申请后，统一进行审核提交到物资采购管理信息系统中。

物资供应公司负责编制采购方案并经物资管理部审核后执行招标、签订合同、收货等工作。采购相关数据如合同、费用等需要上传到数字化工厂移交系统。

采购阶段中三维看板系统从移交系统中获取设计模型及其数据作为展示基础，与物资供应公司提交的采购进度数据集成，可以直观地看到采购进度，为后续的施工等工作提供决策依据（图 6-7）。

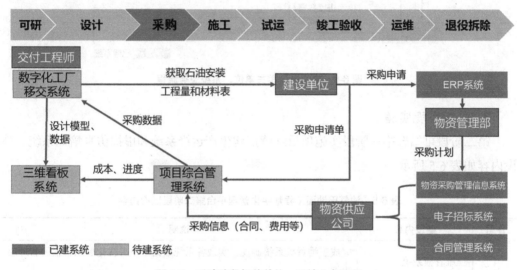

图 6-7　采购阶段相关单位、系统业务流程

4）施工阶段

施工阶段主要涉及的单位和部门有建设单位、施工单位、设计单位、监理单位和物资供应公司。

施工单位基于设计单位提供的施工图等进行施工，形成的施工资料和焊口数据需要由监理单位审核后上传到数字化工厂移交系统。

设计单位在接收到施工单位提交的管段图后，在设计模型中增加焊口并进行编号，模型和数据需要重新输出后通过可视化云协同系统移交到数字化工厂移交系统中。由交付工程师负责将新增的焊口与施工单位提交后经监理审核过的焊口数据挂接。

监理单位除要对施工单位提交的资料和数据进行审核外，还需要将监理工作形成的文件资料上传到数字化工厂移交系统中（图 6-8）。

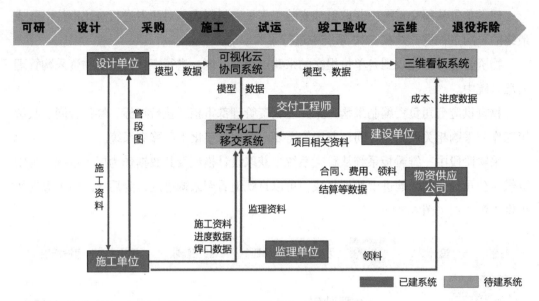

图 6-8　施工阶段相关单位、系统业务流程

2. 第二阶段实施

第二阶段可结合第一阶段实施项目继续搭建生产运维系统和虚拟仿真培训系统。建设内容如表 6-5 所示。

表 6-5　油气田地面工程数字化管理平台第二阶段建设内容

序号	建设内容	说明
1	三维看板系统	完成三维看板系统研发，实现各系统数据集中可视化展示，辅助管理层决策
2	生产运维系统	完成生产运维系统的研发，接入移交系统和物联网系统的数据，实现资产台账、运维工单、备品备件等功能
3	虚拟仿真培训系统	完成虚拟仿真培训系统的研发，可进行虚拟工艺培训和消防演练

第二阶段实施项目除施工阶段外，还会经历试运阶级、竣工验收阶段和运维阶段。

1）试运阶段

试运阶段主要由试运单位编制试运方案，进入项目综合管理系统进行报审工作，由建设单位负责对试运方案进行审核。审核通过之后基于项目综合管理系统进行试运准备、试运过程记录、试运问题跟踪，定义试运行通过的准则以及运行验收等工作，相关数据移交到数字化工厂移交系统中，由交付工程师负责整合。

另外，生产单位也可以在试运阶段组织员工基于虚拟仿真培训系统进行投运前的工艺培训、消防演练等工作（图 6-9）。

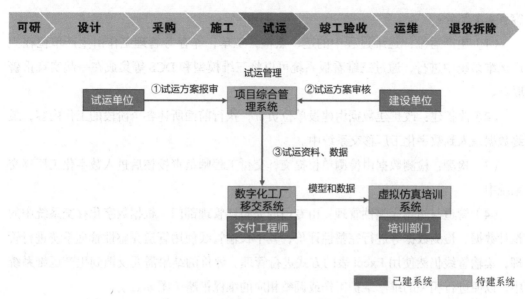

图 6-9　试运阶段相关单位、系统业务流程

2）竣工验收阶段

竣工验收阶段主要涉及的单位和部门有建设单位、设计单位、监理单位和施工单位。在此阶段中各方需要根据竣工验收规定将相关验收文件提交到项目综合管理系统中。通过验收后，竣工资料全部移交到数字化工厂移交系统中，其中电子扫描文件还需要通过接口传入档案管理系统（图 6-10）。

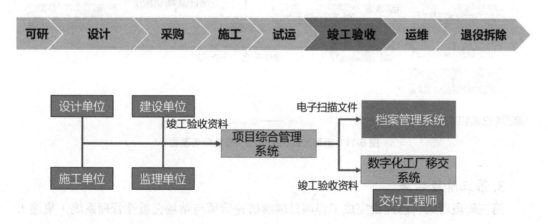

图 6-10　竣工验收阶段相关单位、系统业务流程

3）运维阶段

运维阶段主要涉及的单位和部门有生产单位、建设单位和检测单位，相关的工作内

容有 4 个部分：

（1）生产运维：运维过程中的巡、点检，工单，库存等管理工作由生产单位在生产运维系统中进行，通过三维看板系统可以将三维模型和 DCS 等集成在一起实现报警联动。

（2）改扩建：改扩建数据由建设单位负责，执行前面所述各个阶段的工作内容，最终数据录入到数字化工厂移交系统中。

（3）检测：检测数据由检测单位提交，交付工程师负责校核后进入数字化工厂移交系统中。

（4）管道与站场完整性管理：由专门的完整性管理部门，根据数字化移交系统中的设计数据、检测数据等进行完整性评价，其中长输管线使用管道完整性管理系统进行管理，集输管线仍然使用 Excel 表的方式进行管理。评价的结果需要反馈到生产运维系统中，以便进行相关的维修维护工作或调整相应的维保策略（图 6-11）。

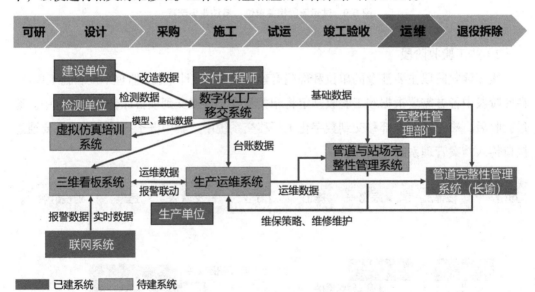

图 6-11　运维阶段相关单位、系统业务流程

3. 第三阶段实施

第三阶段可结合已建设完成工程项目继续搭建管道与站场完整性管理系统（集输），建设内容如表 6-6 所示。

表 6-6　油气田地面工程数字化管理平台第三阶段建设内容

序号	建设内容	说明
1	管道与站场完整性管理系统（集输）	完成管道与站场完整性管理系统的研发，接入移交系统和运维系统的数据

第三阶段建设内容主要用于运维阶段，主要涉及的单位是生产单位，除要使用生产运维系统和虚拟仿真培训系统进行运维和培训工作外，还需要进行管道与站场完整性管理工作：该工作由专门的完整性管理部门根据数字化移交系统中的设计数据、检测数据等进行完整性评价，其中长输管线使用管道完整性管理系统进行管理，集输管线使用新的管理系统进行管理。评价的结果需要反馈到生产运维系统中，以便进行相关的维修维护工作或调整相应的维保策略（图 6-12）。

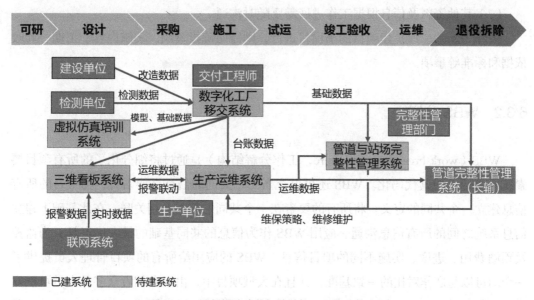

图 6-12　退役拆除阶段相关单位、系统业务流程

6.3　总体部署

6.3.1　实施准备

地面工程数字化平台应用是伴随着地面工程建设项目或改扩项目同步展开的，也可以作为已建工厂信息化的独立项目。项目立项时需遵循一般项目立项基本步骤，主要包括如下内容：

（1）项目初步设想方案：总投资、产品及介绍、产量、预计销售价格、直接成本及清单（含主要材料规格、来源及价格）。

（2）技术及来源、设计专利标准、工艺描述、工艺流程图，对生产环境有特殊要求的需要说明（比如防尘、减震、有辐射、需要降噪、有污染等）。

（3）项目厂区情况：厂区位置、建筑面积、厂区平面布置图、购置价格、当地土地价格。

（4）项目拟新增的人数规模，拟设置的部门和工资水平，估计项目工资总额（含福利费用）。

（5）项目产品价格及原料价格按照不含税价格测算，如果均能明确含税价格需要逐项列明各种原料的进项税率和各类产品的销项税率。

（6）项目设备选型表（设备名称及型号、来源、价格、进口的要注明，备案项目耗电指标等可不做单独测算，工艺环节中需要外部协助的需要标明）。

（7）其他资料及信息根据工作进展需要随时沟通。

若作为新建、改扩建项目的子项目进行，则需明确投资额、实施内容、工期、验收依据和标准等事项。

6.3.2　WBS 分解

WBS（work breakdown structure，工作分解结构）是通过将细分化了的所有项目要素统一编码，使其代码化。WBS 还可以充当一个共同的信息交换语言，为项目的所有信息建立一个共同的定义。将所有的要素在一个共同的基础上相关联，在此基础上建立信息系统之间的所有信息沟通。应用 WBS 作为信息的共同基础的最大优点是：为监控及预测费用、进度、实施不同的项目信息。WBS 的应用给所有的项目管理人员提供了一个均可以与之作对比的一致基准，并且在大型项目中，由于参加者众多及人员可能发生的变化，使所用的全部名词对所有的参加者都具有相同意义是很重要的，而 WBS 通过代码和代码字典的编制可使这一点得到保证。

PBS 是一个批处理作业和计算机系统资源管理软件包。它原本是按照 POSIX1003.2d 批处理环境来开发的，可以接受批处理作业、shell 脚本和控制属性，作业运行前对其储存并保护，然后运行作业，并且把输出转发回提交者。PBS 可以被安装并配置运行在单机系统或多个系统组来支持作业处理。由于 PBS 的灵活性，多个系统可以以多种方式组合。PBS 也是工作分解结构的一种，更适用于软件系统的工作。由于地面工程数字化项目是连接系统软件与工程实施的重要手段，利用 PBS 编码进行工作分解，对数字化实施则显得更为便利。PBS 编码的划分可按照工艺流程、装置类别、装置区域等方式来进行（表 6-7）。

表 6-7　区域划分示例

区域序号	区域名称	单元序号	单元名称
01	变配电部分	01	110 kV 变电站
		02	110 kV 输电线路
		03	10 kV 输电线路

区域序号	区域名称	单元序号	单元名称
02	公路部分	01	干线公路
		02	处理站—××号站公路
		03	处理站—××号站公路

上述项目按照类别划分为变电站部分和公路部分两大类，再按照类别划分为6小类，0101则代表变电站110 kV变电站。

6.3.3 进度管理

项目进度管理是指在项目实施过程中，对各阶段的进展程度和项目最终完成的期限所进行的管理。在规定的时间内，拟定出合理且经济的进度计划（包括多级管理的子计划），在执行该计划的过程中，经常要检查实际进度是否按计划要求进行，若出现偏差，便要及时找出原因，采取必要的补救措施或调整、修改原计划，直至项目完成。其目的是保证项目能在满足其时间约束条件的前提下实现其总体目标。

工程数字化交付工作进度计划具体控制时间点，应由数字化交付平台商、各承包商根据与业主所签署的工程合同进行编制，经业主审核后，由数字化交付总体院发布，数字化交付平台商、各承包商遵照执行。如有特殊情况需调整工程数字化交付工作进度计划，数字化交付平台商、各承包商应按照本规定的协调机制要求提出书面申请，经数字化交付总体院和业主审核确认后方可做出相应调整。

工程数字化交付工作的进度计划应与工程进度计划相匹配。各承包商根据工程数字化交付工作进度计划执行，并按时提交交付物。

数字化交付平台商应根据本项目工程数字化交付工作整体进度计划开展工作，保证数字化交付平台可有效支持各承包商的工程数字化交付工作以及业主和工程数字化交付总体院的检查监督工作的开展。

进度管理主要内容如图6-13所示。

在项目管理软件中，必须要具备制定项目时间表的能力，包括能够基于WBS的信息建立项目活动清单，建立项目活动之间的多种依赖关系；能够从企业资源库中选择资源分配到项目活动中；能够为每个项目活动制定工期，并为各个项目活动建立时间方面的限制条件；能够指定项目里程碑，当调整项目中某项活动的时间（起止时间或工期）时，后续项目都可以随着自动更新其时间安排，各个资源在项目中的时间安排也会随之更新。同时，还需要一定的辅助检查功能，包括查看项目中各资源的任务分配情况，各个资源的工作量分配情况，识别项目的关键路径，查看非关键路径上的项目活动的可移

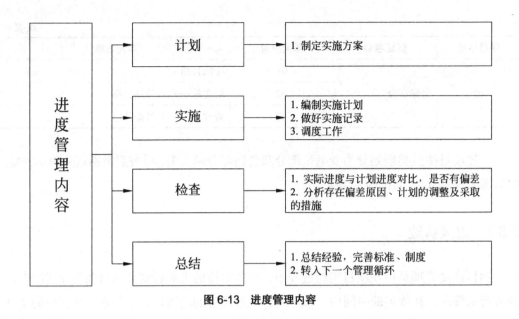

图6-13　进度管理内容

动的时间范围等，这些都是制定项目时间表所需要的基本功能。制订完项目计划后，通常情况下会将项目计划的内容保存为项目基线，作为对项目进行跟踪比较的基准。

1）制定实施方案

根据地面工程数字化项目的特点，可把项目大致划分为前期准备、设计阶段、采购阶段、施工阶段、试运行、数字化交付等阶段。实施方案应包含如下内容：总体实施部署、数据采集实施流程、风险及应对策略等方面。有效地对各阶段进行工作分解是进度管理的关键。

2）组织实施

对于已经开始并已结束的工作项产生的文档，则以最早可以往系统中录入时间开始，使用1个月的时间集中加快上传结束。对于已经开始但还未结束的工作项，则以最早可以往系统中录入时间开始，将已经产生的文档集中加快上传，后续产生的文档则由各相关方上传到可视化云协同系统，持续到该项工作结束后10天内将文件交付。对于目前暂未开始的工作，则文件交付时间以该工作项开始时间开始交付，由各相关方上传到可视化云协同系统，持续到该项工作结束后10天内将文件交付。

3）检查核实

结合实施内容对成果进行验收，信息验收按数据、文档和三维模型的交付物清单进行，验证交付信息的完整性、一致性、准确性、关联性。根据交付基础和交付物清单从以下方面进行验收：

（1）工厂对象无缺失、分类正确。

（2）工厂对象编号满足规定。

（3）工厂对象属性完整，必要信息无缺失。

（4）属性计量单位正确，属性值的数据类型正确。

（5）文档无缺失。

（6）文档命名和编号满足规定。

（7）工厂对象与工厂分解结构之间、工厂对象与文档之间的关联关系正确。

（8）数据、文档和三维模型符合交付物规定。

根据实际情况，现场部分工作已经规划并开展，而如何将数字化管理平台在项目建设期发挥其最大作用和价值，也是一个非常重要的问题，对于项目已经规划并开展的工作，如何加快实施进度，保证实施质量，建议采取以下措施：

（1）对于各阶段已经产生的文档和数据，由数字化交付承包商交付团队协助各单位文控人员从可以最快往系统中录入开始，在一个月左右的时候，集中将已产生的数据录入到系统中。

（2）针对已经开展的工作，提前准备实施资料、协调工作，优先培训相关实施人员，单独指导其涉及的数字化交付工作流程、内容。

（3）在实施人员的人力投入上，在正常规划投入人力资源的基础上，临时增加实施人员投入。

增加系统实施过程反馈频率，每周一次例会，反馈实施工作中遇到的问题和困难，商讨解决措施，分组分工执行，单独分配工作任务。

4）标准规范

标准规范规定实施工作内容，指导监管人员检查核实。

数字化交付的主要阶段为前期准备（平台部署）、设计阶段、采购阶段、施工阶段、试运行阶段、终验阶段，主要的实施对象为文件、三维模型、智能 P&ID、对象属性和关联关系。标准规范需明确各个阶段的实施标准，例如设计阶段，制定具体的交付对象种类，并校验文件、三维模型、智能 P&ID 的完整性、一致性、准确性；其次校验各对象之间的关联性。

6.4　设计数字化

6.4.1　图纸审查

设计阶段交付的档案资料按照项目要求的相关内容进行收集整理，按照类别导入数字化交付平台中，后期可直接进行检索和查看。

1. 文档审查的内容

（1）根据国家法律法规要求进行审查的方案、施工图、技术文件等。

（2）其他需要审查的文档。

2. 设计单位上传文件流程

设计单位经过内部校审后，由设计人员将需要审查的文档上传到可视化云协同系统项目中的"公司文档"中，由设计单位的文控人员申请发布到"项目文档"中，同时抄送给其他参与单位（如业主单位、施工单位、监理单位等）的文控人员。

3. 设计单位问题处理流程

设计负责人接到问题处理任务后，根据问题情况分发给相关设计人员处理，处理完成后设计人员将更新后的文档更新到协同系统中。

4. 业主审图流程

业主的文控人员收到设计单位发送的文件后，分发给需要参加审图的其他科室相关审图人员，审图人员在收到分发的文件后在系统中进行二维、三维的审图工作（在线批注），并直接将批注转换成任务指派给设计单位的设计负责人。会审会议中进入协同系统对各个未解决的问题批注进行讨论，将回复意见填写进去，对于需要设计单位处理的问题批注，要求设计单位的设计负责人去处理，将这些问题批注下载到 Excel 文件中，作为会议纪要附件。

5. 施工单位审图流程

施工单位的文控人员收到设计单位发送的文件后，分发给相关审图人员，审图人员在收到分发的文件后在系统中进行二维、三维的审图工作（在线批注），并直接将批注转换成任务指派给设计单位的设计负责人。

6. 监理单位审图流程

监理单位的文控人员收到设计单位发送的文件后，分发给相关审图人员，审图人员在收到分发的文件后在系统中进行二维、三维的审图工作（在线批注），并直接将批注转换成任务指派给设计单位的设计负责人。

7. 文档审查时间

建设单位应在拿到审查文档后 2 日内将文档分发给参与审查的单位，并之后 10 日内组织会审会议；参与审查的单位和人员应在拿到审查文档后 5 日内完成审查工作。

8. 文档审查的要求

（1）文档审查要及时、全面、细致，将问题一次提出，集中解决。

（2）文档审核应先整体后局部，先原则后细节，先分专业后衔接。各级技术负责人注重界面管理，处理好各专业衔接。

9. 文档审查的记录

（1）协同系统中记录好审查的问题。

（2）建设单位和项目部应建立文档会审台账。

6.4.2　模型审查

1. 模型审查的内容

30%、60%、90% 阶段的三维设计模型。

2. 设计单位上传模型文件流程

设计单位经过内部校审后，由设计人员将需要审查的模型文件上传到可视化云协同系统项目中的"公司文档"中，由设计单位的文控人员申请发布到"项目文档"中，同时抄送给其他参与单位（如建设单位、施工单位、监理单位等）的文控人员。

3. 设计单位问题处理流程

设计负责人接到问题处理任务后，根据问题情况分发给相关设计人员处理，处理完成后设计人员将更新后的模型更新到协同系统中。

4. 审查流程和审查要求

同 6.4.1 图纸审查内容。

5. 模型审查的好处

通过多方参与的可视化模型审查，确认三维模型布置是否严格执行了工艺流程、操作及安全方面的要求。三维模型审查一般分 30%、60%、90% 三个阶段进行。在项目前期参与，避免后期三维数据库、三维模型方案发生重大变化。通过审查不仅可以提高项目的设计质量，而且可以优化工程项目设计施工进度分阶段提前发布设计成果。实现资源配置的精细化及可视化的管理。

6.4.3　设计阶段交付

设计阶段交付主要包括文档图纸、三维模型（30%、60%、90%、100%）、智能PID、对象数据及属性的填写、全专业三维模型补全、三维模型与现场一致性核查等工作。

设计阶段主要参与单位有建设单位、设计单位、模块化供应商（如有）、施工单位、监理单位、数字化承包商等。

项目开工前期由设计单位将审查后 30%、60%、90%、100% 三维模型以及二维设计的文档图纸资料等，按阶段上传到可视化云协同系统中，建设单位 /EPC/ 监理单位 / 施工单位可以在协同系统中进行二维、三维审查工作，将审查过程中发现的问题和建议提交到系统中，并指定给设计单位相关人员处理，直到问题解决。

三维模型与施工现场一致性核查工作，根据不同的施工阶段安排一致性核查工作，建设期设计图纸的变更以及施工现场变更及时地与设计配管人员进行联系并及时更改三维模型，确保现场和三维模型的一致性（表 6-8）。

表 6-8　设计阶段工作分解表

序号	任务	实施内容
1	设计阶段交付	图纸 / 三维模型 / 设计变更 / 关联关系创建 / 模型补全（全专业）/ 设计属性填写 / 一致性核查等
2	设计交付目录树	依据《项目设计数字化交付内容规定》根据设计单位提供的设计专业图纸分类目录，创建设计单位交付文档目录树
3	仪表专业	文档编号整理 / 核对 / 录入 / 关联关系创建
4	通信专业	文档编号整理 / 核对 / 录入 / 关联关系创建
5	机械专业	文档编号整理 / 核对 / 录入 / 关联关系创建
6	电气专业	文档编号整理 / 核对 / 录入 / 关联关系创建
7	热工专业	文档编号整理 / 核对 / 录入 / 关联关系创建
8	给排水专业	文档编号整理 / 核对 / 录入 / 关联关系创建
9	消防专业	文档编号整理 / 核对 / 录入 / 关联关系创建
10	总图专业	文档编号整理 / 核对 / 录入 / 关联关系创建
11	建筑专业	文档编号整理 / 核对 / 录入 / 关联关系创建
12	岩土工程专业	文档编号整理 / 核对 / 录入 / 关联关系创建
13	防腐专业	文档编号整理 / 核对 / 录入 / 关联关系创建
14	配管专业	文档编号整理 / 核对 / 录入 / 关联关系创建
15	设备专业	文档编号整理 / 核对 / 录入 / 关联关系创建
16	道路专业	文档编号整理 / 核对 / 录入 / 关联关系创建
17	土建专业	文档编号整理 / 核对 / 录入 / 关联关系创建
18	暖通专业	文档编号整理 / 核对 / 录入 / 关联关系创建
19	天然气专业	文档编号整理 / 核对 / 录入 / 关联关系创建
20	三维模型补全	电气 / 仪表 / 给排水 / 暖通 / 消防等专业参与到三维模型中
21	智能 PID 绘制活化	所有装置区域 / 模块化设备，流程图活化
22	三维模型录入	30%/60%/90%/100% 三维模型录入
23	分区模型拆分录入	分区模型拆分录入（模型检查 / 属性添加）

序号	任务	实施内容
24	模块化、撬装模型	一致性核对检查／属性添加录入
25	模型一致性核查	各专业设备模型数量／外观与现场核对

1. 工作流程

在设计阶段数字化交付过程中，由设计单位通过内部校审流程之后，对于合格的数据由文控工程师根据设计交付清单交付给数字化移交团队文控接口人，数字化移交团队审核判断合格的数据上传到数字化交付平台，不合格的数据则返回给设计单位文控工程师，而设计阶段产生的过程文件则由数字化移交团队上传到可视化云协同系统进行审查和校审，审查通过的数据通过接口传递可上传到数字化交付平台中。

对于一些关键设备的长周期设备的采购，在设计阶段就会产生一些采购数据文件，同样由采购单位通过内部校审流程之后，对于合格的数据由文控工程师根据设计交付清单交付给数字化移交团队文控接口人，数字化移交团队审核判断合格的数据上传到数字化交付平台，不合格的数据则返回给采购单位文控工程师，而采购阶段产生的过程文件则由数字化移交团队上传到可视化云协同系统进行审查和校审，审查通过的数据通过接口传递可上传到数字化交付平台中。通过数据接口在三维看板中将模型和进度数据相关联，最终在三维看板系统中展示出文件交付进度和设计进度，工作流程如图 6-14 所示。

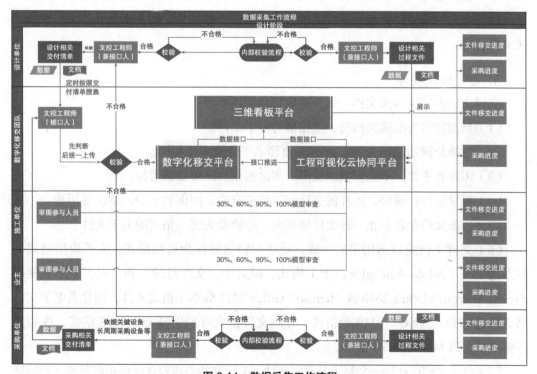

图6-14 数据采集工作流程

2. 文档交付规定

设计分包商提交的所有电子文档应按统一的文件编号、文件格式、文件属性等要求进行汇总和交付。应对文件属性（包括关键字段中的工程数据）进行校验和修正，并对相关文件属性的完整性和正确性负责。

3. 交付文档范围

交付文档的范围应与承包商合同约定范围一致，设计文档交付内容参考设计文档交付清单。数字化文档的交付不能代替承包商项目交工技术文件的交付，当交付文档内容与设计文档交付清单交付内容不一致时，承包商应向总包商正式递交文档清单及对应编号，在总包商批准后方可正式使用。

4. 交付文档编号

交付文档的编号应按照《项目工程数字化交付编码规定》编制，同时还应满足以下要求：

（1）文件的编号应具有唯一性。

（2）供应商应负责维护其文件编号的连续性。

（3）文件名及编号不应使用特殊字符，如"\/*:%?<>|&{}"以及空格，且尽量避免使用一些非常规字符如"~#￥$''"等。

（4）为便于与工厂对象关联，仅关联单个工厂对象的文档宜以独立的电子文档或电子文档集合分别编号后提交，不应把本来独立的工厂对象相关的文档与其他工厂对象相关文档合并。

5. 交付格式要求

交付文档内容应与源文档一致，并应符合下列要求：

（1）当源文档为纸质文档时，应扫描为电子文件。

（2）扫描分辨率规定为 300 dpi，垂直和水平分辨率要相同。

（3）图片要平整，不能倾斜或变形。多余的空白区域要裁剪掉。

（4）要求原件扫描件，图片的亮度和对比度合适。图面要干净，不能有污渍。

（5）当源文档包含不止一种文件格式时，应转换为统一格式的电子文件。

（6）交付文档应以通用格式形成，或在归档前转换为通用格式。文档通用格式一般采用 PDF（Adobe Acrobat 9 以上）格式，但其中"文件目录"和"索引表"应使用 Excel（Microsoft Office 2010 或 Microsoft Office 2013 版本）格式文件，图片类电子文件格式应为 JPEG、PNG、BMP 等格式，音频文件格式可采用 WAV、MP3 格式，视频文件格式可采用 MOV、MP4 格式。

（7）电子文档应在同一文档下具有完整性，电子文档不应包含任何指向其他文档的链接。不应内嵌其他格式的文件，需要内嵌的内容如果在另外一份文件中，且为另外一种文件格式，要转换成为电子文档的组成部分，不以独立的其他格式文件嵌入到电子文档中。

（8）每个文档应包含至少一个有效的电子文档，交付文档不能是空文档，但可以是电子文档集合。

（9）电子文档应安全可靠，不含计算机病毒及木马程序，数字化交付承包商在所有电子文档交付前要对电子文档进行查杀毒检测和处理，并对载有所需交付的电子文档的载体进行查杀毒处理。不应包含影响读取的密码保护。

（10）系统中所有上传文件的格式为 PDF 或其他不可修改版文件，且所录入信息一旦在系统中正式提交后该条目即不可再进行修改，仅能够通过再次录入内容对其进行解释说明及新的状态描述。

6. 文档属性要求

所有工程文档均应包括文档属性信息，且可根据需要扩展属性定义，文档属性如表 6-9 所示。

表 6-9 文档属性

名称	说明
文档编号	编号
文档名称	描述文档的主要内容的短描述
文档类别	标识文档所属类别（见文件分类编码）
区域	识别文档所属哪个区域
单元	识别文档所属哪个单元
专业	识别文档所属哪个专业
修订版本	记录文档内容修改版本的标识
修订日期	文档修订发布的日期
作者单位	文档创建人的单位

7. 文档关联关系要求

所有要与工厂对象关联的文档均需提供关联关系表，其表格定义如表 6-10 所示。

表 6-10 文档关联关系表定义

名称	说明
文档编号	编号
位号	文档关联的位号，如关联了多个位号，需分行录入
页码	位号相关资料出现在文档中的页码

8. 设计阶段的多方协同

通过多方参与的可视化模型审查，确认三维模型布置是否严格执行了工艺流程、操作及安全方面的要求。项目前期参与，避免后期三维数据库、三维模型方案发生重大变化，不仅可以提高项目的设计质量，而且可以优化工程项目设计施工进度。按照交付标准和清单进行采购阶段的全过程数据采集、录入，实现资源配置的精细化、可视化的管理。

9. 多专业三维模型

通过在平台中导入模型，建立精准的工程模型，包括设备、管道、桥架、主电缆等工程对象，包含坐标、尺寸等物理属性和工艺操作参数等。实现工艺、设备、管道、结构、仪表、电气等专业工程对象的模型化和工程参数的关联及关联数据库。

通过数据校验保证各项数据属性的一致性，如工程位号、外形和定位信息等。提供了高效直观工程资料查看方式，通过模型可以快速检索和查询与其相关的设计文件或数据。

三维模型提供了高效直观工程资料查看方式，通过模型可以快速检索和查询与其相关的工程文档或数据。

10. 三维模型分解和合并

实施数字化交付前，应由工程建设组织单位建立工程设施对象完整的工厂分解结构（PBS），三维模型可按 PBS 进行分割，或者根据项目组的要求进行模型分割。单个模型具有完整性，不应包含任何指向其他模型的链接。合并后的油气田地面工程厂（站）三维模型完整且不重复。

11. 统一建模环境

各专业模型应采用统一的原点和坐标系建模，坐标、单位、方位和比例要统一，按 1∶1 比例进行三维建模。

12. 三维模型内容及深度

油气田地面工程厂（站）各专业三维模型包括逆向三维建模，设计内容及深度符合要求。根据数字化平台建设需要，三维模型对象还应附加工程数据信息，包括位号属性和数据属性。其中工程位号是与 DCS、EAM 等其他系统衔接的关键数据，为必填属性，并与 P&ID 中的数据保持一致。逆向三维建模如有资料，还需补充相关位号。对于需要拆解和装配的设备，要求包含内部部件模型，方便后期维修培训。

13. 建模要求

三维模型对象应附加位号属性（需附加位号属性的对象类型见三维模型设计内容及深度），位号编码须遵守项目要求的位号编码规定，并与智能 P&ID、其他工程文档中的位号信息保持一致，如表 6-11 所示。

表 6-11　模型属性填写要求

属性信息	填写内容
位号	填写 NAME 字段
类型	在 Function 中填写，填写内容根据项目数字化交付分解结构及类库定义中的类型进行填写

另外还需在管道自然连接处（比如焊接弯头、三通、法兰等）补充焊口三维模型，即在焊接部位比管道稍粗一点的环状模型（图 6-15）。

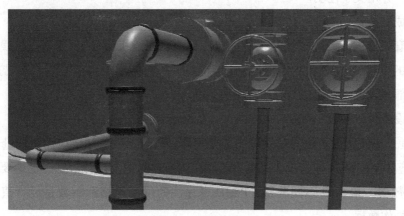

图 6-15　管道焊口模型

14. 三维模型配色要求

三维模型配色应对模型中的各类主要设施进行区分，以便于快速识别和区分模型。三维模型配色可参考类设施三维模型配色要求执行。建设方有特殊要求时，可按照其要求配色。

15. 三维模型发布要求

三维模型信息发布格式、命名、编号、版次等应符合项目工程数字化交付编码规定。使用数字化交付承包商提供的发布工具，使用正确的颜色配置，分别按"区域—单元"输出 PDMS 的 RVM、ATT 和相应的 WLKX 格式文件。

16. 智能 P&ID 交付规定

P&ID：P&ID（piping and instrumentation diagram）即管道及仪表流程图，借助统一

规定的图形符号和文字代号,用图示的方法把建立化工工艺装置所需的全部设备、仪表、管道、阀门及主要管件,按其各自功能以及工艺要求组合起来,以起到描述工艺装置的结构和功能的作用。P&ID 的设计是在 PFD 的基础上完成的。它是化工厂工程设计中从工艺流程到工程施工设计的重要工序,是工厂安装设计的依据。

化学工程的设计从工艺包、基础设计到详细设计中的大部分阶段,P&ID 都是化工工艺专业的设计中心,其他专业(设备、机泵、仪表、电气、管道、土建、安全等)都在为实现 P&ID 里的设计要求而工作。

P&ID 的设计应包括下列内容。

1)设备

(1)设备的名称和位号

每台设备包括备用设备,都必须标示出来。对于扩建、改建项目,已有设备要用细实线表示,并用文字注明。

(2)成套设备

对成套供应的设备(如快装锅炉、冷冻机组、压缩机组等),要用点画线画出成套供应范围的框线,并加标注。通常在此范围内的所有附属设备位号后都要带后缀"X"以表示这部分设备随主机供应,不需另外订货。

(3)设备位号和设备规格

P&ID 上应注明设备位号和设备的主要规格和设计参数,如泵应注明流量 Q 和扬程 H;容器应注明直径 D 和长度 L;换热器要注明换热面积及设计数据;储罐要注明容积及有关的数据。和 PFD 不同的是,P&ID 中标注的设备规格和参数是设计值,而 PFD 标注的是操作数据。

(4)接管与连接方式

管口尺寸、法兰面形式和法兰压力等级均应详细注明。一般而言,若设备管口的尺寸、法兰面形式和压力等级与相接管道尺寸、管道等级规定的法兰面形式和压力等级一致,则不需特殊标出;若不一致,须在管口附近加注说明,以免在安装设计时配错法兰。

(5)零部件

为便于理解工艺流程,零部件如与管口相邻的塔盘、塔盘号和塔的其他内件(如挡板、堰、内分离器、加热/冷却盘)都要在 P&ID 中表示出来。

(6)标高

对安装高度有要求的设备必须标出设备要求的最低标高。塔和立式容器须标明自地面到塔、容器下切线的实际距离或标高;卧式容器应标明容器内底部标高或到地面的实际距离。

（7）驱动装置

泵、风机和压缩机的驱动装置要注明驱动机类型，有时还要标出驱动机功率。

（8）排放要求

P&ID 应注明容器、塔、换热器等设备和管道的放空、放净去向，如排放到大气、泄压系统、干气系统或湿气系统。若排往下水道，要分别注明排往生活污水、雨水或含油污水系统。

2）配管

（1）管道规格

在 P&ID 中要表示出全部在正常生产、开车、停车、事故维修、取样、备用、再生各种工况下所需要的工艺物料管线和公用工程管线。所有的管道都要注明管径、管道号、管道等级和介质流向。管径一般用公称直径（DN）表示，根据工程的要求，也可采用英制（英寸）。若同一根管道上使用了不同等级的材料，应在图上注明管道等级的分界点。一般在 P&ID 上管道改变方向处标明介质流向。

（2）间断使用的管道

对间断使用的管道要注明"开车""停车""正常无流量（NNF）"等字样。

（3）阀件

正常操作时常闭的阀件或需要保证开启或关闭的阀门要注明"常闭（N.C）""铅封开（C.S.O）""铅封闭（C.S.C）""锁开（L.O）""锁闭（L.C）"等字样。

所有的阀门（仪表阀门除外）在 P&ID 上都要标出，并按图例表示出阀门的形式；若阀门尺寸与管道尺寸不一致时要注明。

阀门的压力等级与管道的压力等级不一致时，要标注清楚；如果压力等级相同，但法兰面的形式不同，也要标明，以免安装设计时配错法兰，导致无法安装。

（4）管道的衔接

管道进出 P&ID 中，图面的箭头接到哪一张图及相接设备的名称和位号要交代清楚，以便查找相接的图纸和设备。

（5）两相流管道

两相流管道由于容易产生"塞流"而造成管道振动，应在 P&ID 上注明"两相流"。

（6）管口

开车、停车、试车用的放空口、放净口、蒸汽吹扫口、冲洗口和灭火蒸汽口等，在 P&ID 上都要清楚地标示出来。

（7）伴热管

蒸汽伴热管、电伴热管、夹套管及保温管等在 P&ID 中须标示清楚，但保温厚度和保温材料类别不必标示出（可以在管道数据表上查到）。

（8）埋地管道

所有埋地管道应用虚线标示，并标出始末点的位置。

（9）管件

各种管路附件，如补偿器、软管、永久过滤器、临时过滤器、异径管、盲板、疏水器、可拆卸短管、非标准的管件等都要在图上标示出来。有时还要注明尺寸，工艺要求的管件要标上编号。

（10）取样点

取样点的位置和是否有取样冷却器等都要标出，并注明接管尺寸、编号。

（11）特殊要求

管道坡度、对称布置和液封高度要求等均必须注明。

（12）成套设备接管

P&ID 中应标示出和成套供应的设备相接的连接点，并注明设备随带的管道和阀门与工程设计管道的分界点。工程设计部分必须在 P&ID 上标示，并与设备供货的图纸一致。

（13）扩建管道与原有管道

扩建管道与已有设备或管道连接时，要注明其分界点。已有管道用细实线表示。

（14）装置内、外管道

装置内管道与装置外管道连接时，要画管道连接图，并列表标出：管道号、管径、介质名称；标明装置内接某张图、与哪个设备相接；标明装置外与装置边界的某根管道相接，管道从何处来或去何处。

（15）特殊阀件

双阀、旁通阀在 P&ID 上都要标示清楚。

（16）清焦管道

在反应器的催化剂再生时须除焦的管道应标注清楚。

3）仪表与仪表配管

（1）在线仪表

流量计、调节阀等在线仪表的接口尺寸如与管道尺寸不一致时，要注明尺寸。

（2）调节阀

调节阀及其旁通阀要注明尺寸，并标明事故开（FO）或事故关（FC）、是否可以手动等。

（3）安全阀 / 呼吸阀（压力真空释放阀）

要注明连接尺寸和设定压力值。

（4）设备附带仪表

设备上的仪表如果是作为设备附件供应，不须另外订货时，要加标注，该仪表编号可加后缀"X"。

（5）仪表编号

仪表编号和电动、气动讯号的连接不可遗漏，按图例符号规定（leadsheet）编制。

（6）联锁及讯号

在 P&ID 上清楚表示联锁及声、光讯号等。

（7）冲洗、吹扫

仪表的冲洗、吹扫要标示出。

（8）成套设备

成套供应设备的供货范围要标明。对由制造厂成套供货范围内的仪表，要加标注，可在编号后加后缀"X"。

4）其他

在 P&ID 中要将特殊的设计及安装要求标示出来，也可作为注释单独列出，如开 / 停车联锁、再生要求、仪表与有关的管道阀的安装要求、特殊的专用管件等。

1. 设计过程

P&ID 的设计过程是从无到有、从不完善到完善的过程。研究 P&ID 的设计过程，有利于提高其设计质量。P&ID 的设计必须待工艺流程完全确定后（但不是工艺流程设计完全结束后）才能开始，否则容易造成大返工。P&ID 的设计一般要经过初步条件版、内部审核版、供建设单位批准版、设计版、施工版和竣工版等阶段后才能完成。

智能 P&ID 采用绘图软件设计，图中的符号或图形有相应的属性信息，其中的工程位号信息是与 DCS、EAM 等其他系统衔接的关键数据，应遵守项目工程数字化交付编码规定，并与三维模型、其他工程文档中的位号信息保持一致。其中属性字段是根据项目数字化交付分解结构及类库定义中各类型的属性要求在建模软件里面自定义一套属性，把位号，名称、类型、PBS 编码等定义到软件里面，如表 6-12 所示。

表 6-12　P&ID 属性填写要求

属性信息	填写内容
位号	填写到自定义属性":位号"字段里面
名称	填写到自定义属性":名称"字段里面
类型	填写到自定义属性":类型"字段里面，填写内容根据《项目数字化交付分解结构及类库定义》中附录 B 中的附录 B-1 填写，如凝液存储罐的类型为储罐，在":类型"中填写储罐
PBS 编码	填写内容根据《项目数字化交付分解结构及类库定义》中表 3 填写，区域号＋单元号，如集气区滴西 14 集气站则填写 PBS 为 0301

2. P&ID 图例要求

P&ID 图例要求可参照《SY/T0003—2012 石油天然气工程制图标准》工艺流程图例执行。

3. P&ID 绘制要求（表 6-13）

表 6-13　P&ID 绘制要求

内容	详细描述
字体	图纸中的英文及数字均采用 COMPLEX 字体宽度比例为 0.6~0.8
设备编号及设备名称	文字高度为 4 mm，设备编号下有下画线，设备名称无下画线
仪表符号	采用半径为 7 mm 的圆
仪表编号以及描述	文字高度为 2.5 mm
HOLD、NOTE 标题	高度为 4 mm，带下画线
NOTE 与 HOLD	文字高度为 3.5 mm
图框栏图纸标题	文字高度为 3 mm
图框栏图纸号	文字高度为 3 mm
版次	文字高度为 3 mm
其他文字	文字高度一律为 3.5 mm
指数	文字高度为 2.5 mm
英文字母间，数字间间距	字符间距为 0.5 mm，词距为 1.5 mm，行距为 1 mm，间隔线或基准线与字母和数字的间距为 1 mm
线型	
设备	0.4 mm
撬块线	0.3 mm
主管道	0.5 mm
副管道	0.3 mm
其他	根据 P&ID 图例要求执行
法兰符号	高度为 2.4 mm，宽度为 4 mm
阀门符号（法兰连接）	高度为 2.4 mm，宽度为 4.4 mm
阀门符号（螺纹连接）	高度为 2.4 mm，宽度为 3.6 mm
图例符号	按 P&ID 图例要求执行
跨图连接符	大小应能满足图纸号

4. P&ID 发布要求

设计人员使用数字化承包商提供的工具对保存的 SVG 文件进行再处理，再由设计分包商的文控人员上传到准噶尔盆地油气田可视化云协同系统中并传送给审图参与方的文控人员，以进行流程图审查工作。审查结束后，传送给数字化承包商的交付工程师。数字化承包商的交付工程师负责将流程图移交至数字化移交平台进行整合工作。

5. 文档资料关联

按项目分解结构、编码规定和命名规定将工程电子文档进行移交。实施文档交付前宜建立项目统一的文档管理平台，接收设计阶段各厂家及管理单位的所有文档，并对接收的文档按项目数据和信息移交规定进行合规性及完整性检查。包括设计表格类（如设备/管线一览表、设备数据表、仪表数据表、各专业材料表等）、图纸类文档资料（如设备布置图、管道单线图、管道平面图、仪表安装图、仪表布置图等）、技术规格书、说明书等。

6. 文档交付结果

设计单位文控需将上述相关资料整理并上传至可视化云协同系统公司文档中，由审批人审核通过后文件进入项目文档，并由数字化实施人员对相关文件进行合规性检查，并生成质量检查报告后上传至系统，设计方将相关问题整改后进行升版，数字化实施人员最终确认无问题后移交至数字化移交系统。

7. 三维模型交付结果

由设计单位完成各设计阶段（即 30%、60%、90% 设计阶段）后，将三维及二维设计成果上传到可视化云协同系统中，三维模型需通过 eZWalker 统一转换成 WLKX 文件，便于业主方和监理方可以在可视化云协同系统中进行二维、三维审查工作，将审查过程中发现的问题和建议提交到系统中，并指定给设计单位相关人员处理，直到问题解决。

交付的最终三维模型需按数字化交付统一技术规定进行深化，符合三维模型建模深度及相关建模要求，满足模型解析、数据关联的需求。完成深化的三维模型需首先提交至数字化实施人员进行合规性检查，最终由数字化实施人员检查确认无误后移交至数字化移交系统，进行三维模型数据解析、关联。

三维模型中的位号、类别属性信息需与智能 P&ID、类库属性表中完全保持一致。

8. 智能 P&ID 交付结果

普通的工艺流程图需按数字化交付统一技术规定通过专业的设计软件进行活化，即图纸中相关的图元、管线等具有相关的属性，并符合相关图例、属性要求，满足智能 P&ID 解析、数据关联的需求。完成活化的智能 P&ID 需输出 SVG 格式文件，并上传至可视化云协同系统，由数字化实施人员进行合规性检查，最终由数字化实施人员检查确认无误后移交至数字化移交系统，进行智能 P&ID 数据解析、关联。

智能 P&ID 中的位号、类别属性信息需与三维模型、类库属性表中完全保持一致。

9. 属性数据 / 关联关系交付结果

数字化实施方按照统一技术规定中的类库属性定义要求，将相关基础数据在系统中创建后，导出相应的属性数据模板，设计方需按照模板格式，采集整理相关类别对象和数据参数信息，采集完成后提交至数字化实施人员进行完整性检查，检查确认无误并整理后，由数字化实施人员上传至数字化移交系统进行属性数据确认，并与三维模型、智能 P&ID 进行关联。

为了提高数字化交付数据质量，在三维模型、智能 P&ID、类库属性表均提交完成并在数字化移交系统中解析完成之后，需进行三者一致性检查校验，保证三维模型、智能 P&ID 可以相互跳转，并具有相关属性参数，实现数字化高质量移交，便于后期运维对移交成果数据进行高效利用。

按施工阶段开展一致性核查工作，比如机械安装、电气仪表安装、主体竣工等阶段核查模型的数量、外观、设计属性等，驻现场的数字化工程师需要长时间展开核查工作确保现场与三维模型保持一致，特别是埋地管网坐标、位置等，如表 6-14 所示。

表 6-14　施工阶段检查表

机械安装阶段	核对各区域单元动设备、静设备，外形 / 数量 / 铭牌参数等
电气仪表安装阶段	核对各区域单元动电气 / 仪表设备，外形 / 数量 / 铭牌参数等
主体竣工阶段	核对各区域单元建筑物外形、数量等
试运行阶段	依据建设方提供的各专业台账，核对全厂三维模型查缺补漏

10. 文档、模型、数据的一致性

对上传至数字化管理平台中的设计文件的编码、文件清晰度、完整度进行核查；对模型完整性、外观、碰撞进行核查；对属性数据正确性、完整性进行核查；对设计文件、属性参数与模型、P&ID 的关联性进行核查。需形成检查报告，对于不符合检查要求的资料进行整改重新处理。

设计属性参数依据设备铭牌、设备资料、设备数据表、设计图纸进行核对，出现不一致的问题及时反馈查找原因，如表 6-15 所示。

表 6-15　交付成果

文档资料图纸类	全专业施工图纸 / 文档资料，完整的关联关系（图纸对应三维模型）
智能 P&ID	关于本项目所有 P&ID 活化实现二维、三维跳转
三维模型	与站区现场、P&ID 三者保持一致的全专业三维模型（外观、坐标尺寸、模型拆分）特别是地下管网模型与现场保持一致
结构化数据	收集整理设计阶段所有结构数据与三维模型互关互联

6.5 采购数字化

6.5.1 采购文件管理

1. 采购文件编码

文档的编号应按照《项目工程数字化交付编码规定》编制，同时还应满足以下要求：

（1）文件的编号应具有唯一性。

（2）供应商应负责维护其文件编号的连续性。

（3）文件名及编号不应使用特殊字符，如"\/*:%?<>|&{}"以及空格，且尽量避免使用一些非常规字符如"~#￥$"等。

（4）为便于与工厂对象关联，仅关联单个工厂对象的文档宜以独立的电子文档或电子文档集合分别编号后提交，不应把本来独立的工厂对象相关的文档与其他工厂对象相关文档合并。

2. 采购文件质量

交付文档内容应与源文档一致，并应符合下列要求：

（1）当源文档为纸质文档时，应扫描为电子文件。

（2）扫描分辨率规定为 300 dpi，垂直和水平分辨率要相同。

（3）图片要平整，不能倾斜或变形。多余的空白区域要裁剪掉。

（4）要求原件扫描件，图片的亮度和对比度合适。图面要干净、不能有污渍。

（5）当源文档包含不止一种文件格式时，应转换为统一格式的电子文件。

（6）交付文档应以通用格式形成，或在归档前转换为通用格式。文档通用格式一般采用 PDF（Adobe Acrobat 9 以上）格式，但其中"文件目录"和"索引表"应使用 Excel（Microsoft Office 2010 或 Microsoft Office 2013 版本）格式文件，图片类电子文件格式应为 JPEG、PNG、BMP 等格式，音频文件格式可采用 WAV、MP3 格式，视频文件格式可采用 MOV、MP4 格式。

（7）电子文档应在同一文档下具有完整性，电子文档不应包含任何指向其他文档的链接。不应内嵌其他格式的文件，需要内嵌的内容如果在另外一份文件中且为另外一种文件格式，要转换成为电子文档的组成部分，不以独立的其他格式文件嵌入到电子文档中。

（8）每个文档应包含至少一个有效的电子文档，交付文档不能是空文档，但可以是电子文档集合。

（9）电子文档应安全可靠，不含计算机病毒及木马程序，数字化交付承包商在所有电子文档交付前要对电子文档进行查杀毒检测和处理，并对载有所需交付的电子文档的载体进行查杀毒处理。不应包含影响读取的密码保护。

（10）系统中所有上传文件的格式为 PDF 或其他不可修改版文件，且所录入信息一旦在系统中正式提交后该条目即不可再进行修改，仅能够通过再次录入内容对其进行解释说明及新的状态描述。

3. 采购文件属性

所有工程文档均应包括文档属性信息，且可根据需要扩展属性定义，文档属性如表 6-16 所示。

表 6-16　文档属性

名称	说明
文档编号	编号
文档名称	描述文档的主要内容的短描述
文档类别	标识文档所属类别（见文件分类编码）
区域	识别文档所属哪个区域
单元	识别文档所属哪个单元
专业	识别文档所属哪个专业
修订版本	记录文档内容修改版本的标识
修订日期	文档修订发布的日期
作者单位	文档创建人的单位

6.5.2　采购进度管理

根据设计单位提供的项目设计文件（主要是技术规格书、材料表以及供采购的文件）来统计需要采购的设备，结合现场的施工情况编制采购进度计划，将采购进度计划与模型关联在三维看板上，通过模型变色了解设备到货的情况。

6.5.3　采购阶段交付

1. 工作流程

按照交付标准和清单进行采购阶段的全过程数据采集、录入，实现资源配置的精细化数字化的管理。以此实现采购工作的全过程在项目全生命周期中可视化操作，以及对采购工作进度、项目到场物料管理、项目交付后业主运行维护过程中保养及耗材采购等工作实时动态管理和提供数据资料支持。

在采购阶段数字化交付过程中，由 EPC 方和业主（甲供设备采购）通过内部校审流程之后，对于合格的数据由文控工程师根据设计交付清单交付给数字化移交团队文控接口人，数字化移交团队审核判断合格的数据上传到数字化交付平台，不合格的数据则返回给 EPC 方和业主，而采购阶段产生的过程文件则由数字化移交团队上传到可视化云协同系统进行审查和校审，审查通过的数据可通过接口传递可上传到数字化交付平台中，通过数据接口在三维看板中将模型和采购进度数据相关联，最终在三维看板系统中展示出文件移交进度和采购进度，数据采集工作流程如图 6-16 所示。

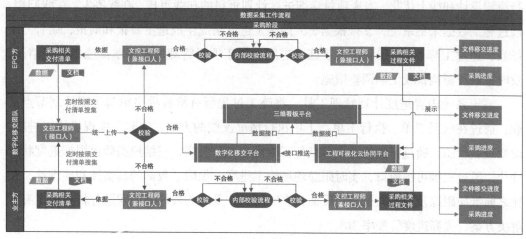

图 6-16　数据采集工作流程

2. 采购部分主要交付要求及内容

在项目执行中，各方采购的物资供应商需要根据所提供设备实际生产进度时间节点在本项目数字化交付平台上传所要求的各项文件，原件附在实物型随机文件资料中随设备同时交付至项目现场。

数字化交付平台将全面系统记录反映上述采购全过程中具有查考保存价值的各供应商和采购部门的请购文件、技术规格书、采购计划、招标文件（技术标）、投标文件（技术标）、评标过程文件（技术标评审）、谈判记录（不含价格信息）、采购合同（不含价格信息）、合同变更（不含价格信息）、设备监造记录、设备出厂检验记录、设备运输记录及设备到货验收记录，以及采购过程中较重要节点的收发邮件、会议纪要、电话记录、图表、登记簿册、磁性介质以及反映部门工作活动的录音、录像和照片等。通过对设备生产厂家、项目驻场监造（监理）单位开通系统附属账号，由监造（监理）单位完成设备、材料制造过程中的实时状态以及设备出厂唯一性信息。以此实现采购工作的全过程在项目全生命周期中可视化操作，以及对采购工作进度、项目到场物料管理、项目交付后业主运行维护过程中保养及耗材采购等工作实时动态管理和提供数据资料支持。

6.6 施工数字化

6.6.1 施工进度管理

项目管理系统提供专业的施工进度管理工具，分别针对二级进度计划编制和审批进行流程设计和线上优化，实现项目详细进度计划资料的在线审核、在线签发、在线归档，通过施工数据采集系统，支持根据每天的施工进度情况生成进度日报和周报，结合三维场景，通过工程 4D 三维看板展示施工进度，便于项目管理决策层掌握施工进展情况，及时采取资源调整或工期调整措施。

基于系统内置进度计划管理工具，将施工过程所有检验批表单与进度计划节点关联，通过在线派工单、执行工单、工单执行情况反馈的方式，实时反馈现场施工进度，改变进度状态。通过将进度计划节点与三维模型对象关联，三维模型颜色根据进度状态变化，通过三维可视窗口，实时跟踪现场施工进度，保障了数据的真实性和准确性，相比之前纸质跟踪及现场人员按周反馈，实时跟进，及时为现场进度问题分析并提出有效解决方案，提高进度管控率 30%。

按照工程项目施工计划与实际进度模拟现实的建造过程，将虚拟环境与现实进度结合实现进度跟踪，同时发现施工过程中可能存在的风险与问题，有针对地对计划进行调整，实现进度分析、优化（图 6-17、图 6-18）。

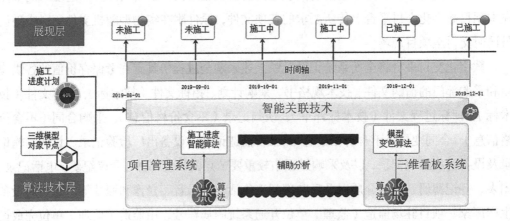

图 6-17 工程进度变色业务逻辑

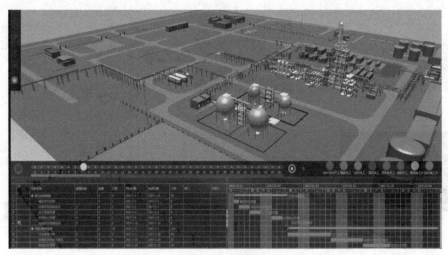

图 6-18 成果展示

6.6.2 焊口管理

焊口管理包括：焊口主数据、无损检测报审表、无损检测指令、无损检测结果通知单、焊口返修指令、无损检测复探报审表、无损检测复探指令。

焊口分为自然焊口和施工焊口，自然焊口通过三维模型自动获取，形成最初版的焊口主数据。焊口主数据通过在焊接工作记录审批结束后，将此施工焊口自动创建到焊口主数据中。

无损检测报审表通过选择焊接工作记录中焊口信息，自动代出相应信息。无损检测报审表审批通过后，系统自动创建无损检测指令。

无损检测指令审批通过后，系统自动创建检测结果通知单，检查单位完成焊口检查后，填写相应的检查结果信息。

无损检测结果通知单中检测结果不合格的系统自动创建检测不合格部位通知单，由检测单位下发给施工单位，完后再自动创建焊口返修指令。

焊口返修指令审批通过后，施工单位录入返修工作记录，无损检测复探报审表合并返修工作记录的行项，审批通过后自动创建无损检测复探指令，复探指令审批通过后自动创建检测结果通知单。

在设计阶段将自然焊口在模型中添加，焊口台账自动进入项目综合管理系统生成焊口台账，现场焊接后填写焊接记录，监理和检测通过手机 APP 审批后焊口数据进入数字化工厂移交系统，并改变焊口状态，在三维看板系统中焊口模型与焊接数据进行关联，根据焊口焊接状态变色，实现焊接进度可视化、精细化管理，有效提高焊接进度跟踪，合理优化资源，如图 6-19 所示。

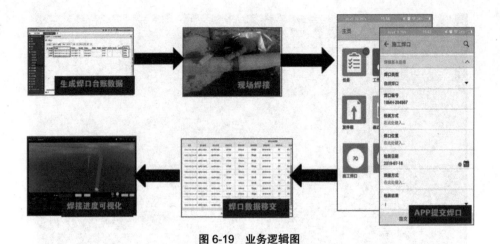

图 6-19　业务逻辑图

　　根据施工单位返回资料完成焊口模型，项目管理系统录入台账，施工单位现场焊接，检测、监理单位检查合格，相关数据通过接口返回三维看板焊口状态与模型关联展示焊接进度，数据推送数字化移交系统，如图 6-20 所示。

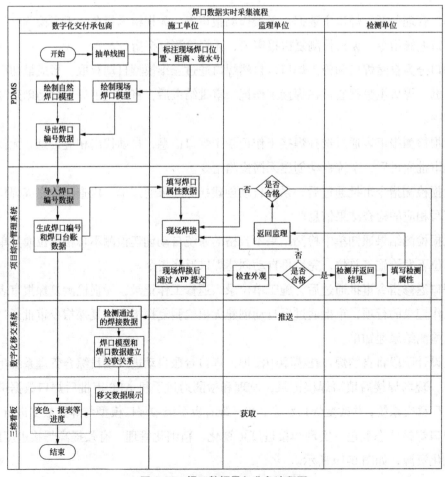

图 6-20　焊口数据录入业务流程图

6.6.3 施工文件管理

施工管理包括开工报告管理、监理单位用表、施工单位用表和焊口管理。

系统使用专业的流程配置管理工具，分别针对不同层级的审批报告进行流程设计和线上优化，实现资料在线审核、在线签发、在线归档，支持不同权限用户对应的检索、审核、审批、查询、在线浏览、资料归档统计、下载等；支持申报、审核类文档资料的流程跟踪管理，从而满足流程化管理需求及数字化移交需求。

线上管控可视化，明确岗位职责，固化审批流程，自动推送任务，进行审批过程全记录，整个审批流程可视化，解决了现场资料审批烦琐，审批过程不可追溯的问题，杜绝了审批过程事后补资料的情况。

用户基于业务权限设定，可以清晰地查看流程的审批状态与审批信息，能够及时地发现流程进度，提升审批者的审批效率。查看可以基于审批流程图，也可以基于当前步骤的节点信息及以往的审批节点记录等。

根据《油气田地面建设工程（项目）竣工验收手册》要求，将所有施工过程表单制作成结构化表。如图 6-21 所示。

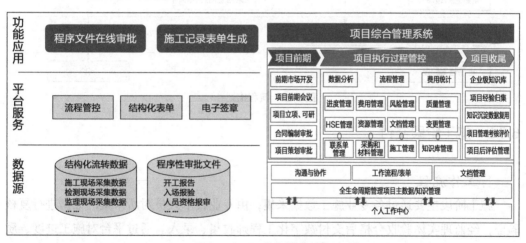

图 6-21　项目综合管理系统

6.6.4 变更管理

工程变更对工程造价、工程质量及施工进度都存在很大影响。如何应对工程变更是每个工程相关人员都要考虑的问题。在工程变更的类型中，设计变更是工程变更之重点，施工方案变更是工程变更之难点，因此工程变更必须把握原则、细节、程序。

变更管理包括：B.0.13 费用索赔报审表、TY-21 设计变更单、TY-40 经济签证、

TY-41 设计变更单 / 联络单明细表、C.0.2 工程变更单、C.0.3 索赔意向通知书。

变更管理依照《油气田地面建设工程（项目）竣工验收手册（2017 年修订版）》中关于变更管理的费用索赔报审、设计变更单、经济签证、工程变更单、索赔意向通知书的五项功能需求进行设计。

通过数据结构化和在线审批以及和电子文档管理模块的自动关联实现用系统实时录入、审批、归档替代线下纸质文件流转签字、归档的现状（图 6-22）。

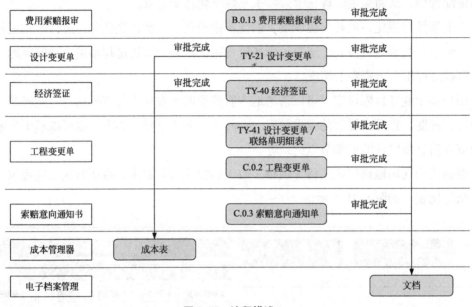

图 6-22　流程描述

6.6.5　施工阶段交付

1. 工作流程

施工阶段主要通过各专业施工数据采集，由专业技术人员对所采集的数据进行复核验证，经监理实体验收合格后交付数字化工程师收集、录入。通过平台对施工进度、质量、安全、变更、合同、机具设备、人力资源及监理监督等全过程的数字化管理。

在施工阶段数字化交付过程中，由施工单位通过内部校审流程之后，对于合格的数据由文控工程师根据设计交付清单交付给数字化移交团队文控接口人，数字化移交团队审核判断合格的数据上传到数字化交付平台，不合格的数据则返回给施工单位文控工程师。

对于需要监理单位审核的数据，由施工单位文控工程师交给监理单位文控工程师，经审核合格后交付给数字化移交团队，由数字化移交团队统一上传到数字化交付平台。施工阶段产生的过程文件则由数字化移交团队上传到可视化云协同系统进行审查和校审，审查通过的数据可通过接口传递可上传到数字化交付平台中，通过数据接口在三维看板中将模型和采购进度数据相关联，最终在三维看板系统中展示出文件移交进度和采购进度。

在施工过程中涉及的一些变更文件，则由施工单位文控工程师发送给设计单位，由设计单位变更并通过内部校审后，发送给数字化移交团队，由数字化移交团队文控工程师统一再次上传到数字化交付平台（图 6-23）。

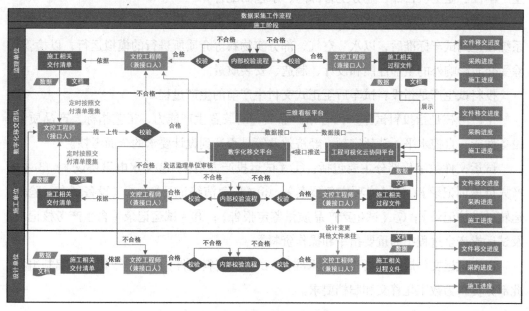

图 6-23　数据采集工作流程

2. 建设过程的数字化管理

通过对设计、采购、施工的数字化，以三维协同设计为基础，在平台中，逐步实现对项目过程中的进度和文档的数字化管理，提高资源的配置效率。

3. 变更管理

产生的变更单、联络单等文件通过 EPC 总承包商的 EPMS 系统导入平台并进行分类，将相关文件与模型对象进行关联，方便业主查看。

4. 焊点管理

及时采集和录入焊接和检测数据，方便业主进行可追溯管理。

5. 监理管理

及时录入各类检查、检测数据，将相关文件与模型对象进行关联，方便业主查看。

6.7　试运数字化

6.7.1　试运文件管理

　　试运行投产包括联动试运、投料试生产、生产考核等工作，由建设单位负责组织，生产单位、业主项目部、业务主管部门、承包商配合。

　　联动试运，又称联动试车，是对规定范围内的机器、设备、管道、电气、自动控制系统在达到试车标准后，以水、空气、部分实物料等介质所进行的模拟运行，以检验其除受介质影响外的全部性能和设计、制造、安装质量。

　　投料试生产是指投料试车后至正式交付生产前的生产过程。

　　生产考核是指投料试车产出合格产品后，对装置生产能力、工艺指标、产品质量、设备性能、自控水平、消耗定额、经济效益等是否达到设计要求的全面考核。

　　试运文件数字化部分主要包括：①《试运投产方案》；②《水电讯协议》；③《生产人员培训记录》；④《专项应急预案》；⑤《应急演练记录》；⑥《设备试车、验收、运转、维护记录》；⑦《试生产产品质量鉴定报告》；⑧《试运记录（含生产考核记录）及试运投产全过程中的重要指令和操作资料》。

　　以上试运文件属于A类生产技术准备、试生产资料文件，由建设单位负责编制组卷，此部分资料为数字化移交和归档要求。

6.7.2　试运阶段交付

　　试运数字化交付范围主要依据《油气田地面建设工程（项目）竣工验收手册》。

　　试运阶段主要由试运方从数字化移交系统中提取需要的数据，以编制试运方案。审核通过之后基于移交系统进行试运准备、试运过程记录、试运问题跟踪、定义试运行通过的准则，以及运行验收等工作，相关数据交付到数字化移交系统中。

　　试运数字化的交付范围主要为A类文件，《试运投产方案》《水电讯协议》《生产人员培训记录》《专项应急预案》《应急演练记录》《设备试车、验收、运转、维护记录》《试生产产品质量鉴定报告》《试运记录（含生产考核记录）及试运投产全过程中的重要指令和操作资料》及文件与设备对象的关联关系。

6.8　数据封装与交付

6.8.1　数据封装

数字化移交要求提供项目相关的准确的资料和数据，必须具有永久性和不可更改性，因此必须对数据进行封装，要求提供以下 4 种格式的文件。

（1）PDF 格式：这是一种网络通用的电子出版发布媒体格式，通过 Acrobat 浏览器插件或者 html5 技术即可实现对 PDF 文档的在线浏览和查阅。其特点是一种打印格式，具有不可更改性、永久性，同时能够保持原始资料内容的准确性、完整性和一致性。其内容可以为文本或者图形，能够对全文进行关键字检索，具有较高的数据检索效率。

（2）SVG 格式：SVG 与 PDF 同为 Adobe 公司的公开标准格式，现已成为网络通用的电子出版发布媒体格式。SVG 是一种打印格式，同样具有不可更改性、永久性，能够保持原始资料内容的准确性、完整性和一致性。其最大特点是支持热点技术的数据超链接，智能性更加强大，能够像网络链接一样与其他文档和模型数据进行相互连接，增加了数据浏览方式的多样性。其主要用途在于概念设计中的工艺系统流程图、接线图、控制回路图等，便于与其他文档和数据以及三维模型的挂接和相互检索以及查找。

（3）WLKX 格式：这是针对三维模型的特点而设计的一种特有格式。通过插件技术和 WebGL 技术实现并支持网络浏览三维模型的功能，同时可以做到对模型进行各种漫游和查看，以及进行测试和数据查看，并能够实现与 SVG 热点的相互链接，通过模型可以查看二维逻辑图形，反过来通过二维的逻辑图形也可以反向查阅三维模型的信息，比如某个特定的设备或者管道等。同样，WLKX 格式可以保持封装后三维模型与实际设计模型的数据和外形的一致性，并具有不可更改性和永久性。

（4）xlsx 格式：xlsx 是 Excel 2010 以上版本的格式，作为数据采集的标准格式，能够极大地降低数据采集和维护的难度。

6.8.2　移植和关联

数据移植要求对封装后的数据进行正确性校验和确认以及规范合理性的归类，之后才能正式开始进行数据的移植。在正式进行数据移植前，对工程数据应有一个完整的整体规划和设计，建立起工程数据的一套结构框架，针对不同的内容分类，进行数据的装载移植。同时，在开始移植前，宜实施数据移植测试或小范围试点移植，以验证数字化移交各项标准的适用性以及目标的可行性，必要时可对平台或计划进行修正。

数据移植是个过程，在工程建设的每个阶段——设计、采购、施工、检测等都可以进行渐进式移植。当阶段性任务完成，按项目里程碑计划实施阶段目标验收。数据移植完成后，还需要对移植数据进行实际验证和测试，保证移植数据的正确链接和保存位置，保证所有数据都能够正确完整打开和顺畅浏览，能够实现数据的检索查询，并形成验证测试记录。

6.8.3 数据交付

数据移交是最后的关键过程，需要做很多重要工作，比如对客户进行数据的维护操作培训。在未来很长一段时间内，向客户提供及时有效的技术支持和咨询。只有客户真正完全掌握数据化移交平台的维护操作能力，这个过程才能结束，整个数字化移交过程才能全部成功实施完毕。主要工作有以下几点：

（1）项目数据移交内容的档案清单。

（2）项目数据维护指导手册。

（3）项目数据维护人员操作培训。

（4）项目数据维护的技术跟踪支持。

（5）项目数据最终完成移交的验证报告。

7

地面工程数字化平台生产运维应用

项目综合管理系统将包含文档管理、质量管理、HSE 管理和施工管理等功能模块。

7.1.1　文档管理

文档管理在信息系统建设中是不可或缺的，在此次系统建设中也尤其重要。此模块可以建立完整、统一的文档管理系统功能，并且根据业务需要，与费用管理、立项管理、合同管理、采购管理、HSE 管理、质量管理等模块进行关联。在此模块中可以实现文档的上传下载、查阅修改、审批流转、跟踪记录等功能。

根据准噶尔盆地油气田具体情况，制定文档管理的整体流程：项目启动阶段项目管理部和项目经理确定项目立项；规划阶段，项目经理编制文档管理计划，项目管理部审核并且发布计划；执行及监控阶段，从文档创建、版本控制、文档存储到文档知识库，工程师起到重要作用，具体执行相关流程，图 7-1 为文档管理的总体业务流程图。

1. 文档审批

1）文档编码管理

支持按照不同部门、不同文档类型进行文档存储，并建立文档的唯一标识。支持用户定义文档的编号、发布状态、发布原因、合同号等不同类型文档的属性描述，从而便于文档的管理和查询。

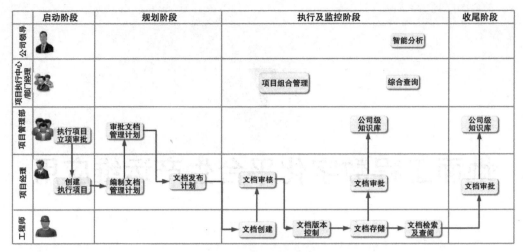

图 7-1　文档管理流程图

2）图档及模型在线编辑

在项目全生命周期管理的过程中，涉及大量图档及模型的评审和签署工作，如果都采用现场召集会议的方式，势必大量增加企业的项目成本，更大大降低了工作的效率。在本系统中，分布在全球各地的系统用户，都可以直接在系统浏览器中创建、阅读和编辑文件，无须改变现有的任何操作习惯，无须下载或安装软件，这将极大提高项目团队的工作效率。

3）文档审批

文档可设置多个审批流程，审批流程审批流转可以发送一个或多个人员，进行多个层级审批。支持定义各种签（审）核流程，并支持用户查询流程状态、追踪文件签（审）核过程中使用者所加入的注释，动态增加、改变、删除一个正在执行中的工作流程的参与者（图 7-2）。

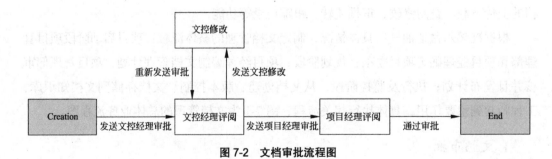

图 7-2　文档审批流程图

2. 权限管理

提供权限控制机制，可针对用户、部门及岗位进行详细的权限控制，控制用户的管理、浏览、阅读、编辑、下载、删除、打印、订阅等操作，实现文档安全共享（图 7-3）。

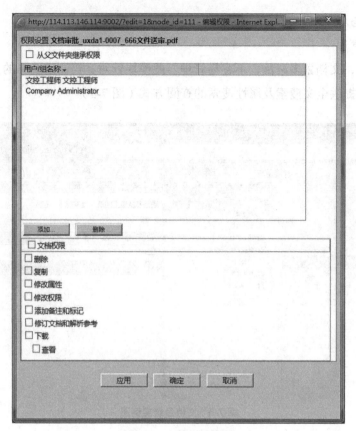

图 7-3　文档权限管理

3. 版本控制

实现归档过程中的版本控制，保证项目组成员手中的文件版本一致，并追踪记录文件的版本历史（图 7-4）。

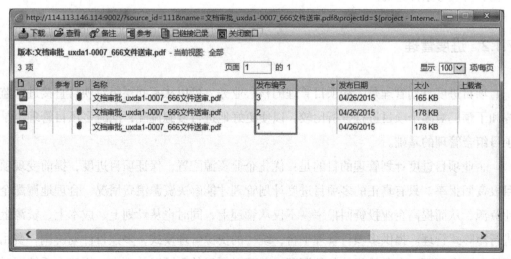

图 7-4　文档版本管理

4. 归档与检索

1）归档管理

在工程中，文档繁多凌乱，不容易管理。此模块针对文档制定统一的文档结构及编码体系，并且提供全文搜索及属性搜索的查阅方式（图7-5）。

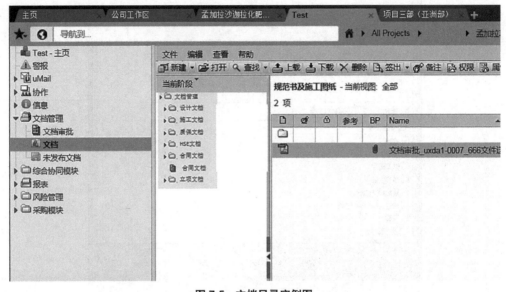

图7-5 文档目录实例图

2）信息检索

对于信息检索（包括全文检索、属性检索、内容浏览等功能点），既能够对所有项目文档进行文档检索，又能够针对不同项目的建设期的文档进行检索，同时也能够进行模糊、与或等条件查询。

7.1.2 进度管理

项目进度计划管理是工程项目管理的核心业务，可以从不同层级对项目直接进行监控和干预，对多个项目进行分析比较，以便更好地进行资源调配，同时多项目管理也是项目组合管理的基础。

企业项目进度计划管理的目的是：优化企业资源配置，保证项目进度，提前变现项目投资回报率。只有真正的多项目进度计划管理才能解决资源浪费情况，合理地调配企业资源，从而提高企业投资回报率。不仅从管理上，同时也从计划上、成本上、资源上进行矩阵式管理。提供多项目管理平台，统一的资源管理模式，多项目计划协调，费用调拨、资源调配，多项目间的各种调配，总部对项目的干预以及查询分析等。系统同时提供合理的建议，设置好相应的区间，系统能实时提醒管理者对项目进行监控、干预或分析（图 7-6）。

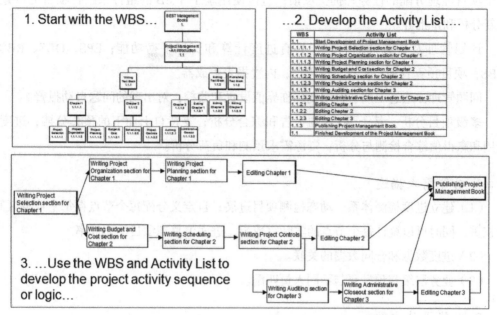

图 7-6　美国能源部（DOE）推荐的计划编制总体流程图

进度管理总体业务流程如图 7-7 所示。

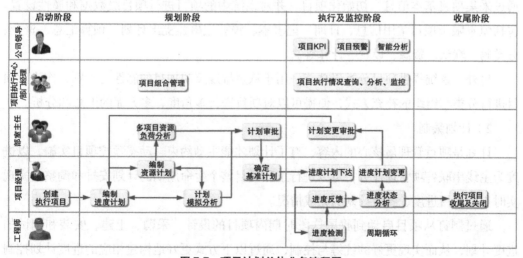

图 7-7　项目计划总体业务流程图

项目数据管理：支持企业范围的多项目群、多项目、多用户的同时管理；支持企业资源的可集中管理；个性化的基于 Web 的管理模块适用于项目管理层、项目执行层、项目经理、项目干系人之间良好的协作等。

模板维护：可重复利用企业的项目模板；可进行项目经验和项目管理的提炼等。

进度采集：基于 Internet 的工时单任务分发和进度采集，项目执行层可以接收来自多个项目经理分配的任务并提交反馈；直接使用基于 WEB 的组件来进行项目的创建、更新分析和审批等。

计划管理及资源计划管理：具有进度计算和资源平衡功能；EPS、OBS、RBS、WBS；项目预算管理；具有目标管理；内置报表生成器。

问题管理：通过工期、费用变化临界值设置和监控，对出现的问题自动报警。

多级项目分析：基于 WEB 的报告和综合分析；支持自上而下的预算分摊；进度、费用和赢得值综合检测与分析；资源需求预测和负荷分析。

1. 功能需求描述

（1）建立进度检测体系，动态检测项目进展；自定义分配每个节点在每个业务区间的权重，同时可以统计每个节点的实际完成率，进而汇总到项目的完成率。

（2）进度数据和合同数据的关联。

（3）业务层级与预警要与不同人员匹配。

2. 功能设计方案

1）企业项目结构

系统提供项目信息管理功能，通过 EPS 层次结构对单项目、多项目进行组织和管理。通过采集项目基本信息，初始化项目，并对系统中的项目进行项目级数据和属性设置。包括但不限于项目常用信息、日期、记事本、预算记事、支出计划、预算汇总、资金、分类码、默认、资源、设置、计算等。

另外，系统提供项目分类码功能，用于从多维度反映项目的属性与类别，作为对项目进行分类与组织的补充方式，使得可以对项目进行多角度、多方面的汇总和分析。

2）计划编制

计划是项目管理最核心的内容，有了计划才能主动约束、动态预控项目实施，以进度为主线串联各项管理业务；可以进行工程项目整个生命周期的计划安排和调整，实现实时查询项目进度、各级计划的完成情况。

通过制订从项目启动到收尾这段时期内项目的设计、采购、土建、安装和调试的进度计划，从而实现更好的统筹与控制，通过以下方式更好地构建相应的进度计划控制体系：

（1）建立统一的计划管理与调度平台，让项目参与各方能在统一的计划体系中进行协作与沟通。

（2）建立实时的、动态的、可跟踪、完整的进度控制体系。

（3）建立全面的计划控制体系。

（4）建立缜密的多级计划体系。

（5）建立动态的更新与分析机制。

（6）建立整个集成团队的协同环境。

3）多级计划编制

对于工程公司，企业项目化管理不仅需要企业项目结构（EPS）与责任分解结构（OBS）来分组企业的所有项目，而且需要建立项目计划管理层次，便于项目组织成员有一个共同的视野。建立计划管理层次，可以更好地满足不同管理层次对项目管理跟踪控制要求以及便于计划的编制与协调。根据管理范围和责任可将项目分为 3~5 个层次进行计划控制与管理，下层计划是上层计划的目标与责任的进一步分解，也是上层计划的支撑（图 7-8）。

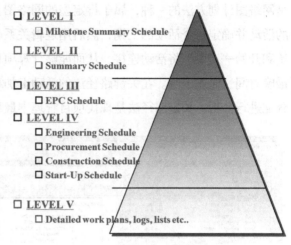

图 7-8　计划控制与管理层级结构

（1）第一层面：宏观控制——里程碑计划。

（2）第二层面：综合协调——指导性计划（企业层面的综合计划）。

（3）第三层面：实施控制——控制计划（项目部项目总体统筹控制计划）。

（4）第四层面：具体实施——实施计划（专业公司、部门工作计划）。

各级计划相互依存，二、三、四级计划工序间通过作业或工作分解结构编码 WBS 对应。

4）计划编制及进度计算

以广义网络计划技术为基础，根据作业间的逻辑关系以及当前工程的进展情况，不但能给出活动的时间进度安排，还能通过进度计算给出各项施工活动的预计完成日期以及与目标的偏差。找出关键路径，使进度管理和控制具有前瞻性和科学性，因此，计划编制功能，应包括如下内容：

（1）关键路径法（CPM）作为计划编制的计算依据。

（2）单节点网络图示方法。

（3）提供作业间的逻辑关系链接功能，并包括 FS、SS、SF 和 FF 4 种逻辑关系方式。

（4）能够区分任务型工序和里程碑工序。

（5）能够以小时、天、周、月作为计划计算单位。

（6）提供工序的分步骤分解及权重功能。

（7）工序的计划可以按 WBS、OBS、CBS 进行汇总。

（8）提供在横道图和网络图两种可视化图形界面下进行计划编制工作的功能。

5）关键路径分析

关键路径法（critical path method，CPM）是一种基于数学计算的项目计划管理方法，是网络图计划方法的一种，属于肯定型的网络图。关键路径法将项目分解成为多个独立的活动并确定每个活动的工期，然后用逻辑关系（结束—开始、结束—结束、开始—开始和开始—结束）将活动连接，从而能够计算项目的工期、各个活动时间特点（最早和最晚时间、时差）等。在关键路径法的活动上加载资源后，还能够对项目的资源需求和分配进行分析。关键路径法是现代项目管理中最重要的一种分析工具（图 7-9）。

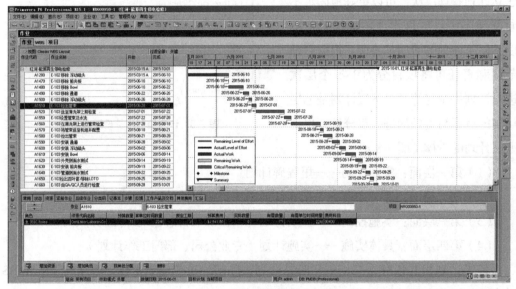

图 7-9　关键路径示例图

6）进度检测

根据项目状况，可以在软件中采用虚拟资源来建立进度检测权重体系，用以实现项目进度（图 7-10、图 7-11）。计划工程师在编制项目权重计划时，采用项目→WBS→作业的自上而下结构进行权重的逐层分摊，整个权重体系的建立，需要项目各参与方的协调与讨论来确定。先定义好整个项目的权重值，然后自上而下进行分解到 WBS 结点、WBS 子结点、WBS 里程碑（可选）、作业和作业步骤（可选）。

计划工程师为项目中的所有作业分配权重资源，并进行自上而下估算，在进度控制阶段，系统根据项目的实际执行情况以及步骤、作业、WBS、项目的权重进行计算，即可查看根据项目的权重计算出的完成百分比（图 7-12、图 7-13）。

图 7-10 进度检测权重体系

WBS 分类码	WBS 名称	估算权重
ZCEPC10001	孟加拉沙迦拉化肥厂项目	1.0
ZCEPC10001.M	里程碑	0.0
ZCEPC10001.EC	设计	15.0
ZCEPC10001.EC.110	项目主装置区	65.0
ZCEPC10001.EC.110.1	结构	60.0
ZCEPC10001.EC.110.2	建筑	10.0
ZCEPC10001.EC.110.1.1.1.2	静置设备	45.0
ZCEPC10001.EC.110.1.1.1.3	机械设备	5.0
ZCEPC10001.EC.110.1.1.1.4	工业炉	10.0
ZCEPC10001.EC.110.1.1.1.5	工艺管道	30.0
ZCEPC10001.EC.110.1.1.1.6	电气	3.0
ZCEPC10001.EC.110.1.1.1.7	电信	5.0
ZCEPC10001.EC.110.1.1.1.8	自控仪表	6.0
ZCEPC10001.EC.110.1.1.1.9	给排水	9.0
ZCEPC10001.EC.110.1.1.1.10	采暖通风	7.0
ZCEPC10001.EC.110.1.1.1.11	热工	5.0
ZCEPC10001.EC.120	袋装仓库	35.0
ZCEPC10001.PC	采购	25.0
ZCEPC10001.PC.110	项目主装置区	70.0
ZCEPC10001.PC.120	袋装仓库	30.0
ZCEPC10001.CC	施工	60.0
ZCEPC10001.CC.110	项目主装置区	65.0
ZCEPC10001.CC.120	袋装仓库	35.0

图 7-11 进度检测估算权重

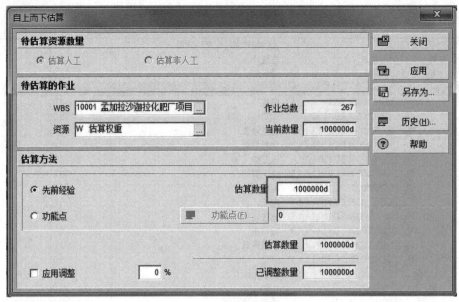

图 7-12　项目的权重计算 1

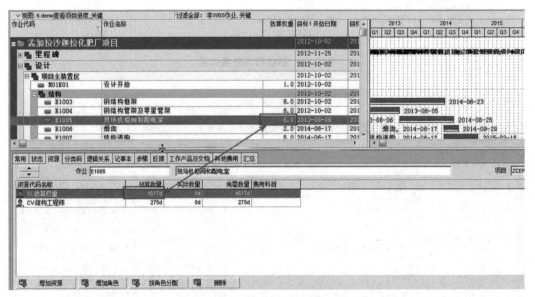

图 7-13　项目的权重计算 2

7）进度控制

项目进度控制体系的主要任务是制订、更新、监督和控制工程进度计划。制订，即制订目标计划，有了计划才能主动约束、动态预控项目实施。更新，即收集项目实际信息，并反馈到系统中。监督和控制，即系统根据目标计划与项目实际数据进行分析，为管理者提供对比分析。以进度为主线串联各项管理业务，通过计划定期滚动更新和对比分析，发现和调整实际与目标之间的偏差。进行工程项目整个生命周期的计划安排和调整，实现实时查询项目进度和各级计划的完成情况。

计划包含定义目标计划，制定全局战略以及实现这些目标，建立一个全面的分层计划体系以综合和协调各种活动。因此，计划既涉及目标，也涉及达到目标的方法。我们的计划管理解决方案能够协助客户在工程项目管理上实现以下目标：

（1）管理者能够利用计划展望未来，预见变化，考虑变化的冲击，制定适当的对策。计划可以减少不确定性，预见到行动的结果。

（2）良好的计划能够减少重复性的工作，提高工作效率。

（3）计划涉及目标和标准，便于项目执行控制。能够将实际的绩效与目标进行比较，发现可能发生的重大偏差，及时采取必要的矫正行动。

利用形象化的进度图（甘特图、网络图、直方图等）对工程项目进行跟踪，实时掌握工程的当前状态和后续情况。在监控进度的同时，了解和部署各项任务的资源分配和使用情况等综合信息。

充分发挥 CPM 网络进度计算、数据统计的强大功能，实现对工程进度问题、偏差的超前预见、动态管理和项目进度的调整与优化；应用软件强大的网络计划、协同工作和编码体系，实现工程进度各方面、各层次的整体协调。

8）目标计划

目标计划，即项目的目标基准，计划设立了目标和标准，便于项目执行控制。我们能够将实际的绩效与目标进行比较，发现可能发生的重大偏差，及时采取必要的矫正措施。没有计划，就没有控制。目标计划具有以下功能：

（1）具有无限数量目标计划的建立、维护功能，将现行计划保留成为目标的功能。

（2）具备主要目标（进度、资源、费用）与项目计划结合功能。

（3）一个项目可以有多个目标项目同时视图对比的功能。

（4）具有可视化的多项目组合分析对比功能。

（5）具有目标监控值设置、定期监控功能。

（6）具有警示提醒功能，便于实施计划例外管理。

（7）关键目标信息可逐层汇总。

（8）在 EPS、项目、WBS 等不同的层面均可关联目标要求。

9）进度信息采集

系统应提供多种数据反馈方式，各模块均可作为状态和时间报告应用程序，用于快速、有效地传达工作状态。通过现场数据的收集，执行人员将项目实际信息反馈到系统中，包含项目作业、工序的时间进度信息、资源实际数量信息。进度反馈后，由计划工程师或项目经理进行进度计算即可根据项目现行状况进行预测计算。

通过反馈组件，用户仅可查看并反馈分配给自己的任务项目。另外，用户可通过网页、移动设备（iPad 或手机）访问系统，并进行进度信息、数量信息的反馈，并可通过电子邮件与项目经理或其他团队成员进行沟通。

10）进度预警及问题管理

进度计划临界值监控为计划管理者提供了一个有力的计划偏差监控工具，针对某个参数值，定义出一个允许区间，凡是和参数值不在区间范围内的都会以问题的形式显示在问题窗口中，然后可以将问题以邮件形式发送给相关责任人，通过"问题监控"功能将焦点一下子聚集到最为关心的事情上，便于项目管理人员进行问题管理。如果是主观发现的问题，亦可以通过手动增加方式添加问题，并以单个问题为基础进行问题追溯，及所有对该项目有权限的人看到这个问题后，都可以在问题追溯窗口中，看到有哪些人对该问题提出了何种意见。

当进度出现问题时，通过临界值监控发现的问题可以快速地聚焦到具体的 WBS、作业、责任人。

临界值是用来在项目管理与控制人员通过设置有关进度、费用方面的上下限值（可以接受的范围）来监控当前项目的执行情况。当项目目前的状况超出了设定的临界值定义的范围时，监控就会自动触发问题，从而引导项目的计划和项目管理人员及时处理问题，避免损失。监控分为 WBS 与作业等级（图 7-14）。

WBS/作业	开始	完成	作业完成情况	作业完成百分比
⊟ WBS:电气	2012-09-30	2016-06-12		
◆ S-110具备受电条件	2012-09-30	2012-09-30	✓	100%
SS-110具备送电条件	2012-09-30	2012-09-30	⚠	0%
动力配线部分安装	2014-07-14	2014-12-10	⚠	0%
变配电设备安装	2014-01-15	2014-07-13	✓	0%
照明安装	2015-08-18	2016-06-12	✗	0%
电气	2012-09-30	2016-06-12	✓	0%
防雷接地安装	2014-07-14	2015-08-17	✓	0%
⊟ WBS:给排水	2015-05-15	2016-06-15		
碳钢管道施工	2015-05-15	2016-06-15	✗	0%
给排水	2015-05-15	2016-06-15	✓	0%

图 7-14　临界值监控

11）进度对比分析

系统应具有全面的项目更新数据分析功能。进度跟踪反馈之后，能够提供专业的数据分析，包括现行计划与目标的对比分析、资源使用情况分析、工作量（费用）完成情况分析和挣值分析。具体内容如下：

（1）支持多目标对比分析功能。

（2）支持进行时间、工程量和工作量三个方面的进度评价。

（3）支持挣值技术的评价方式。

（4）可以对工序、工序步骤、里程碑和 WBS 节点进行进度跟踪，即可以基于这些对象反馈实际进度。

12）报表分析

系统支持报表功能。可使用报表窗口创建、编辑、运行和删除全局报表和项目报表。也可以使用"报表"窗口导入和导出报表，用户能够在不同的项目管理数据库之间共享报表。报表提供报表向导和报表编辑器功能，辅助用户使用可视化界面创建报表和报表模板，并进行报表的生成。

13）进度计划变更

系统应具有计划变更的功能，通过变更修改前期的目标计划。

7.1.3 费控管理

费用控制管理主要是为了合理利用资金资源，有效控制企业的成本费用。针对费用控制模块的功能要求，将成本费用控制系统分为概预算管理、控制估算管理、成本收集与分析模块、成本归集及竣工决算模块。系统关联资金计划模块并将请款、付款的业务与合同管理模块紧密结合，以费用分解结构（CBS）与工作分解结构（WBS）为核心，统一规划项目概算、合同计量支付、合同、实际费用、进度计划等费用主要因素（图 7-15）。

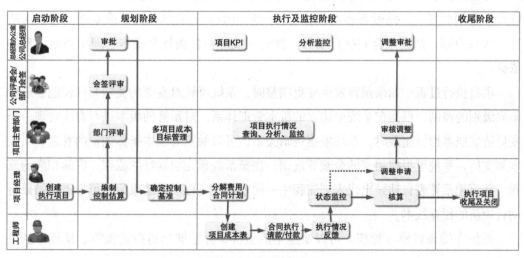

图 7-15　费控管理流程

1. 功能需求描述

（1）费用与进度相关联。

（2）投标过程—项目估算；签订合同—项目概算；项目计划—项目预算；项目执行与控制—项目核算；项目收尾—项目决算；费用与进度联系，实现精确计量、动态控制及超支超付预警。

（3）费用科目与合同清单相关联。

（4）要求电子凭证最终以电子签章方式实现。

2. 功能设计方案

系统按概预算管理、控制预算管理、成本收集与分析、成本归集及竣工决算4个部分，可掌控各个阶段的投资与工程进度，比对每一笔业务发生的费用与当前费用状况，以直观的分析及决策数据实现费用的动态控制。

1）概预算管理

概预算管理包括：预算编制、预算变更、预算转移、预算定额、预算模板、超预算处置、预算执行分析等模块。概预算管理是项目费用控制的基础，根据概预算定额库中概预算的条目，系统综合知识库管理功能，结合概预算管理模块的功能设置，支持概预算体系结构的建立。

支持企业预算科目与企业财务科目的关联，系统支持工程量清单预算与定额预算两种模式。通过创建概预算管理流程，将概预算明细项逐条编制系统中，以便进行汇总、汇集和更新。预算支持线上审批，支持多个部门按照成本归口管理的方式分权限编制预算的不同部分。同时支持系统导入、导出功能，支持通过系统编制预算与 Excel 线下预算两种模式。

将概预算管理系统中的数据通过中间表导入到系统中的投标概算，如果没有中标，则没有合同的发生，此时直接对投标阶段所发生的人工成本和其他成本进行成本的核算。如果中标，则进入合同执行项目，此时完成的项目预算是成本管理中控制估算的依据。

项目执行过程中如果预算发生变更调整时，系统可针对变更的类型和规模能够进行不同级别的控制，根据在系统中建立的版本管理体系，对预算的版本进行有序管理；当变更造成成本指标超限时，系统根据逻辑关系，可以触发对成本指标调整的管理。当成本超支后，系统可根据超支的金额等规则，按照系统预先规划好的流程，发起相应的流程，并可把预算表自动导出代入到流程中一同审批。流程审批结束后，可把审批结果自动转为新的预算版本。

系统支持预算模板管理，可以快速生成报价，并能够知道投资概算、预算以及投资计划的编制。可以基于系统中积累的投标报价库和定额量、模板的 CBS，快速生成此次项目的报价，提供参考和依据。结合概预算管理及预算模板功能，系统能够基于 CBS 结构灵活的定义项目的实际预算，并在项目进行的过程中，基于预算、实际成本、承诺成本、动态成本进行实时汇总和动态的分析，为领导层和管理层提供了业务数据支持和分析。

2）控制预算管理

控制预算管理包括：变更管理、请款管理、付款管理等。关联合同管理模块和资金计划模块，控制每一笔业务发生的费用，汇总实际费用至平台，比对当前费用状况，实现费用的动态控制。

模块能够基于 CBS 结构灵活的定义项目的实际预算，并在项目进行的过程中，基于预算、实际成本、承诺成本、动态成本进行对比分析。不仅支持项目预算的变更，并管理预算变更其待批、已批等业务状态，预算变更的情况需动态体现至统一的项目成本工作表。还依据有工作分解结构、资源需求、资源单价、活动历时时间、历史信息等。同时可以通过相似项目模板及自下而上的类比估算法增加其可行性。

3）成本收集与分析

成本收集与分析模块对实际的业务数据进行归总、分析，为项目管理层、公司项目管理部、公司决策层提供管理依据和支持。

成本收集部分支持对实际成本、承诺成本等数据的收集，支持实时、动态对每一个项目成本的自动收集，收集所有每一笔项目成本发生的时间、对应 WBS、对应的 CBS 成本支出项、数量、金额等信息。除了收集每一个合同项目的实际成本（合同结算金额）外，还收集了每一个合同项目的承诺成本，主要指已经下达了采购订单或者签订了合同，但是没有结算的那部分，作为将要承担的承诺成本在系统中体现。

成本分析部分具备强大的项目成本状态跟踪能力，能基于实际成本、承诺成本、动态成本的发生追溯每一笔实际业务的发生。系统能提供每一个项目成本分析的报表，能按照多维度分析，分别得到会计期间维度、成本支出项（科目明细表级）维度、WBS 维度的项目成本数据，也支持按照以上三种维度进行多维度综合分析。

4）成本归集及竣工决算

成本归集及竣工决算管理模块支持项目全过程成本控制管理，主要功能包括项目决策成本控制、招投标费用成本控制、设计成本控制、项目施工成本控制等。

成本归集可以将成本及费用按项目、按 WBS 任务从采购、库存、费用报销、总账成本及费用分摊、其他项目或任务转移等来源实时归集，并支持数据钻取功能，便于查看、跟踪具体的业务数据。

竣工决算时，系统可自动完成成本归集，并按一定规则完成成本及费用分摊：如需进行固定资产转固，可将成本及费用归集至资产行，并生成固定资产条目。所有的合同变更或采购订单变更都要及时反映到项目承诺成本的变更上，作为动态成本的体现。竣工结算部分通过成本状态跟踪总表可以汇总展示工作分解结构、资源需求、资源单价、活动历时时间、历史信息等。同时可以通过相似项目模板及自下而上的类比估算法增加其可行性。

7.1.4　施工管理

施工管理主要是自项目施工准备至项目竣工验收阶段现场施工生产的管理，主要以对施工过程中核心业务流为主。施工管理旨在通过规范的组织形式、手段和方法，协调解决对影响项目施工活动的各种问题，使施工生产组织活动在符合 HSE、质量、进度、投资、合同、信息等控制目标要求的前提下，确保项目建设满足设计技术文件、法律、法规、施工规范和验收标准的要求，以保证建设工程项目各项管理目标持续、有序、高效的实现。

1. 施工方案

在施工准备阶段，管理部门可以通过系统对各类项目管理策划方案进行审查。

（1）施工组织设计方案：施工经理上报施工组织设计方案，经总工程师审查至项目经理审核的过程管理与信息共享。

（2）分包方案：承包商上报分包方案至项目经理审查的过程管理与信息共享。

（3）分部分项划分方案：项目经理对分部分项划分方案的过程管理与信息共享。

（4）质量控制点：项目经理对质量控制点方案的过程管理与信息共享。

（5）特种作业人员报验：承包商向监理单位报验特种作业人员信息，至项目经理审核的过程管理与信息公示。

（6）机具设备报验：承包商向监理单位报验机具设备信息，至项目经理审核的过程管理与信息公示。

2. 开工与复工

施工单位在入场前提交开工报告申请，建设单位对开工报告的开工条件进行审查，并对审查不通过项目进行处理跟踪直至具备开工所有条件后，签发开工报告并在质量监督站报备；同时将极具重大代表意义的第一次工地会议记录在案并存档。

（1）开工报告：施工单位可以在门户入口填写开工报告，经审核后，到业主方，再由业主审核。

（2）停工报告：施工单位可以在门户入口填写停工报告，经审核后，到业主方，再由业主审核。

（3）复工报告：施工单位可以在门户入口填写复工报告，经审核后，到业主方，再由业主审核。

（4）工程延期管理：施工单位可以在门户入口填写延期申请，经审核后，到业主方，再由业主审核。

3. 施工技术管理

施工技术管理主要是对施工组织设计、方案交底、施工记录、交工技术文件在网络上进行审批，或者把纸质文件审批后的电子文件接入网络，方便大家对技术管理有关的信息进行及时调阅。

（1）施工组织设计：施工单位可以直接通过门户入口提交施工组织设计供监理、总包、业主审核。也可以是把审核后的电子文件，上传到本系统。

（2）方案交底：施工单位可以直接通过门户入口提交方案交底，供监理、总包、业主审核。也可以是把审核后的电子文件，上传到本系统。

（3）施工记录：施工单位可以直接通过门户入口提交施工记录供监理、总包、业主审核。也可以是把审核后的电子文件，上传到本系统。

（4）交工技术文件：施工单位可以直接通过门户入口提交交工技术文件供监理、总包、业主审核。也可以是把审核后的电子文件，上传到本系统。

4. 施工材料控制

记录施工单位提报的施工所需主要材料需求计划清单，消耗清单。对材料需求进行审核并根据需求准备物资情况，跟踪材料物资的采购状态，对设备、材料开箱检验，建立现场物资台账，合格证、随机资料保管、移交、归档进行管理。

7.1.5 质量管理

质量管理是指工程项目从项目可研到项目竣工验收全生命周期内全面的质量控制和管理。包括质量管理策划、质量管理体系、过程质量管理、专业质量管理、质量监察和质量监督等主要工作内容（图 7-16）。

质量管理包括质量管理策划、质量管理体系、过程质量管理、专业质量管理、质量监察和质量监督、统计分析等主要工作内容，实现对质量管理活动进行全过程的管理，为各个项目的质量管理提供统一的规范、标准和体系文件。保证公司的质量管理体系在各个职能部门和项目部的执行。同时汇总各个项目的质量管理数据，进行查询统计分析（图 7-17）。

质量管理				
大纲管理的范围				
质量保证大纲 组织 文件控制	监查和审查 不符合项控制 纠正措施		报告 记录 人员培训	
活动领域与内容分组				
设计	采购	制造	建造	运行
设计输入要求 设计过程计划和实施 设计验证 设计变更控制	计划 采购文件编制、 审核和变更控制 采购源地选择 评标和签订合同 买方对供方工作的 评价 买方进行的验证 活动 不符合项控制和 纠正措施 物项和服务的验收	制造过程的计划 和变更控制 文件控制 采购控制 物项标识控制 检查和试验控制 结果评价和报告 测量和试验设备 控制 制造设备控制 装卸、贮存和运输 不符合项控制	计划 接收、贮存和处理 测量和试验设备 控制 变更控制 过程中检查和试验 最终检查和试验 检查和试验数据分 析和评价 不符合项控制	计划 文件控制 运行控制 维修控制 改进控制 材料控制 设备控制 检查和试验 标定控制 不符合项控制

图 7-16　质量管理大纲

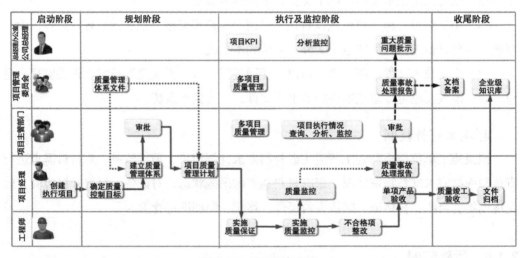

图 7-17　质量管理流程

质量的过程管理包括施工的质量过程管理和设备安装的质量过程管理，施工的质量过程管理包括项目质量问题的报告、土建和安装的质量事故管理、土建和安装的不符合项管理；设备装配的质量管理主要包括设备装配的不符合项管理、设备装配的偏差管理。

对发现的质量问题进行记录，包括描述、责任单位、整改意见等（图 7-18）。系统能够将项目质量问题记录进行整合，形成项目质量问题报告。

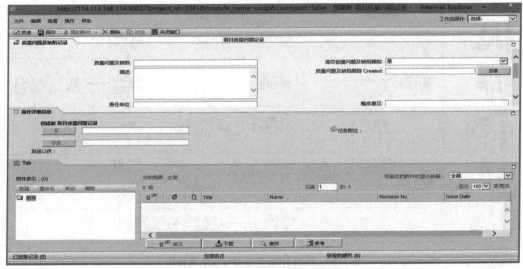

图 7-18　项目质量问题记录

7.1.6　HSE 管理

HSE 的方针是：安全第一，预防为主；全员动手，综合治理；改善环境，保护健康；科学管理，持续发展。HSE 的目标是：追求最大限度地不发生事故、不损害人身健康、不破坏环境，创国际一流的 HSE 业绩。

HSE 管理人员进行从项目立项至验收阶段的全过程危险预防与管理措施的审查工作，确保工程项目本质安全。通过强化施工现场的 HSE 管理，及时消除各种隐患，为施工现场的人员人身安全及健康提供保障。

HSE 管理主要进行从项目立项至验收阶段的全过程危险预防与管理措施的审查工作，确保工程项目本质安全。通过强化施工现场的 HSE 管理，及时消除各种隐患，为项目周围环境、项目参建人员的人身安全及健康提供保障。HSE 管理主要包括：安全检查、安全整改、整改执行情况、统计分析、形成新的管理规定等闭环管理过程。

HSE 管理模块主要集中展示安全管理方面的各项规章制度、管理程序、标准等文档；审查承包商进场安全准备情况，了解承包单位在工程实施过程中涉及的各种安全事务，为安全监督做好准备；对现场安全检查和安全整改记录详细的信息，进行查询和统计。包括安全问题通知单、安全观察卡、文档管理、安全检查和整改、承办商管理和劳保用品管理（图 7-19）。

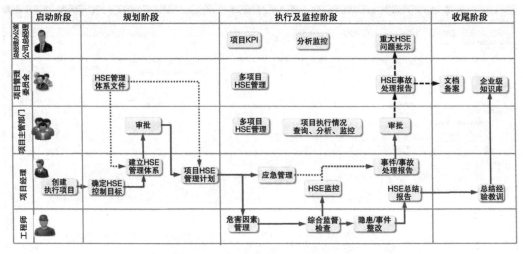

图 7-19　项目 HSE 管理总体业务流程图

7.1.7　系统集成

除以上功能模块外，目前准噶尔盆地油气田地面建设工程各参与方已经有一些内部的系统在运行，因此还要考虑与这些系统的集成方式，常规的方式是通过接口从其他系统中获取数据，并通过接口将数据推送到其他系统中。现有系统的情况如表 7-1所示。

表 7-1　油气田现有系统统计

系统名称	接口方式
采油与地面工程运行管理系统（A5）	管理平台开发接口接入 A5 系统数据
勘探与生产系统 ERP（D2）	管理平台开发接口接入 D2 系统数据
中国石油物资采购管理信息系统（C1）	管理平台开发接口接入 C1 系统数据
中国石油合同管理系统	管理平台开发接口接入系统数据
中国石油档案管理系统（E6）	管理平台开发接口输出 E6 系统要求的中间文件
工程造价管理信息系统	管理平台开发接口接入系统数据
中国石油档案管理系统（自研 3.0）	无
工程技术协同研究平台	管理平台开发接口接入系统数据
合同管理平台	管理平台开发接口接入系统数据

7.2 可视化云协同系统

本系统为设计方、施工方、业主等项目相关人员提供了一个全新的跨部门的云协同工作平台，不同角色的项目人员都可以在此平台无障碍地进行二维、三维模型和文件的审查工作。

7.2.1 任务协同

需要有任务功能，建立分发体系，允许将任务分配给其他用户，同时也可以将任务移交给其他用户，并进行状态跟踪直至任务关闭。

7.2.2 文档管理

平台能提供项目文档和公司文档管理功能，所有文档需要先放入到公司文档，然后经过审核批准后可以发布到项目文档中，以确保文档的正确性和唯一性。

7.2.3 计划管理

项目计划能由项目经理编制后作为任务分配给相关执行人去处理并进行持续跟踪。

7.2.4 二维、三维审阅

平台能允许对三维模型和二维文件添加红线批注，增加评论并将评论转换成任务，以供设计人员修改模型或进一步沟通（图7-20、图7-21）。

平台需提供常用的三维模型操作功能，包括隐藏、隔离、透明、剖切、变色、测量等，对于二维文件需提供平移、缩放功能，便于用户在校审时对模型内部进行检查。

平台需提供用于对现有的模型文件进行组合和形成一个过滤器，用户可以选择不同的模型文件组合形成，这些组合可以保存、编辑、分享和删除。

1. 保存

可以把这些组合保存成为一个新的名字。

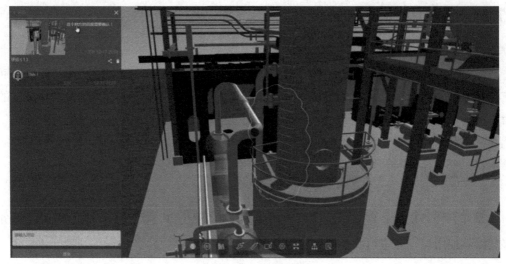

图 7-20　三维模型批注

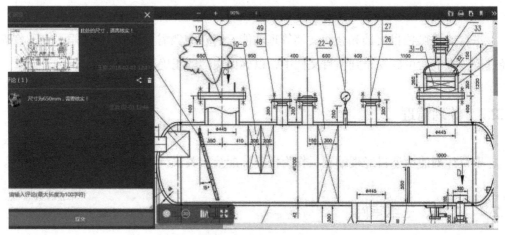

图 7-21　二维文件批注

2. 编辑

修改当前组合的名字。

3. 分享

项目经理可以分享当前的组合（包含其配色）给所有项目成员，用户可以导入当前组合对应的配色文件。

4. 删除

用户可以删除当前的个人组合，项目经理可以删除分享的项目组合。

5. 模型操作

（1）基本：定位、隔离、透明、状态还原、剖分、隐藏、显示、变色。

（2）测量：两点测量、垂直测量。

（3）视图：前、后、顶、左、右、东南、西南、东北、西北。

（4）鼠标操作：双击对象会在右侧定位和显示，反之亦然。在模型中高亮显示器所在的位置，并且选中物体，旋转的时候，以其为中心旋转。该页面和模型过滤器加载页面互斥，只能打开一个，从而防止重叠。

6. 模型展示

（1）全屏：点击后全屏显示、Esc 取消全屏。

（2）目录树和搜索：点击显示当前模型的详细节点树，用户可以勾选复选框来显隐。用户可以输入相关信息进行检索当前的模型节点名字。

（3）属性：

① 构件属性：基本属性（显示选中构件的基本属性信息）、扩展属性（用户可以任意添加属性信息）。

② 关联信息：关联文档（用户可以在项目文件中选择文件进行关联）、关联模型（用户可以选择模型文件关联）。

③ 物料：物料状态（后期拓展用）、二维码（会生成构件二维码信息）。

7. 批注列表和展示

（1）批注列表：用户在加载模型后可以创建批注，会截图当前的问题，并跳出提示"是否将当前的风险隐患转成问题批注"，如果用户选择是，将会创建任务，指定接收人和抄送人。

（2）批准评论：任何看到这个模型的文件的项目成员都可以对其进行评论。

（3）后期没有指派成为任务的批注，也可以由创建人或者项目经理指派给其他人。EPC 任务删除只有项目经理能够操作。任务详情点击后，镜头会转到批注位置。

8. PC 端

（1）多人协同：多人在同一模型中协作，跟随视角，实时语音/文字交流。批注可发送给同房间人员，快速查看。并且最终能够生成 Excel 的批注报告。

（2）沉浸式漫游：要求能够进行沉浸式的虚拟漫游，通过模拟现场操作及时发现问题。内置符合国际标准的 28 种人因工程检视模块（HFE），并按照各个地区的人种高度差异可以自主调节。

7.2.5 支持关联文件

平台提供文件关联功能，可将文件关联到模型对象上，方便其他人员查询。可实现在项目进行过程中收集数据，为将来的数字化移交打下坚实的基础（图7-22）。

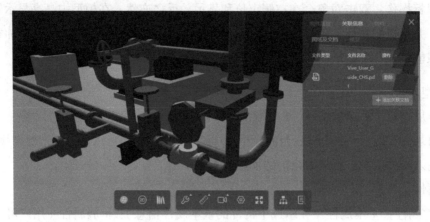

图 7-22　三维模型中关联文件

7.2.6 属性查看

平台能够查看三维模型中储存的工程属性，所见即所得（图7-23）。

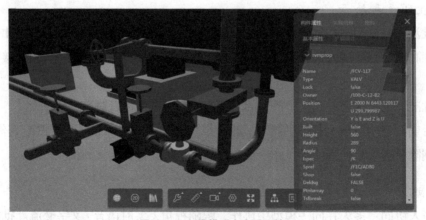

图 7-23　三维模型中查看属性

7.2.7 二维码

平台提供二维码功能，支持根据唯一的标识生成二维码，便于以后的移动端使用（图7-24）。

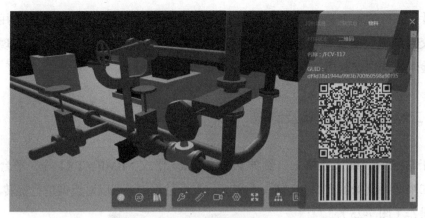

图 7-24　二维码功能

7.2.8　消息管理

平台支持需支持消息管理，消息包括计划进度、文档消息和工程协同消息。点击系统的相关标记，能弹出新的网页并进入消息中心。支持按照项目来选择或者消息的状态来筛选、支持批量操作。

7.2.9　角色设定

协同平台要求能设置系统管理员、项目管理员、设计人员、校审人员相关的角色。

7.2.10　项目设置

要求能管理项目中的组织结构，并对项目中人员的权限进行设置。

7.3　数字化工厂移交系统

在 EPC 阶段，设计院、施工方、调试方等已经将需要移交的数据存储于可视化云协同系统中，协同工作的过程即数据收集的过程。在这种情况下，EPC 不再需要专门针对数字化移交进行数据收集、整理和录入进行工作，只需要按照业主的要求，从可视化云协同系统中抽取出相关的内容实现从 EPC 到业主的有序移交。这样，将为业主提供完善的数据质量的检查，以确保提交的数据的完整性、正确性及一致性，而且数据的状态及关联性也被完整保存。数字化工厂移交系统需提供一个数字化工厂的全貌，它把工程的设计、工厂的施工及营运等阶段的信息都完整地记录起来。同时，业主使用数字化工厂移交系统模块能接收数据，无须依赖 EPC 各参与方的专有应用系统，实现对工厂数据的检索、查询和利用，并实现和第三方运维系统的对接。

7.3.1　二维文档格式发布及浏览

对于常见的二维文档格式，例如 PDF、Office 格式、BMP、TXT 等，平台能采用统一的二维图纸浏览器在 WEB 网页上浏览。查看过程中，可以对模型进行旋转、缩放、平移等操作（图 7-25）。

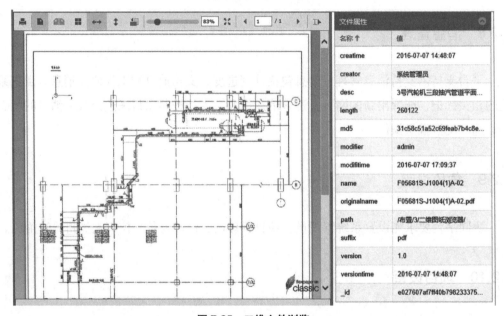

图 7-25　二维文件浏览

7.3.2　文件存储和模型浏览结构

数字化移交平台初始阶段需以电子文件的形式收集数据，后期还需整合移动端数据，设备设施实时数据到平台中。系统能提供与 Windows 系统文件夹类似的文件存储结构，能建立文件组织结构，能上传三维模型和二维文档到数字化移交平台。如果上传同名文件，能自动提示是否升版，还可以查看文件的历史版本。此外，用户能根据需要将模型文件重新组合创建新的模型浏览结构，按照工艺系统或按空间结构的方式，以及二者结合的方式查看三维模型。

7.3.3 数据编辑与挂载

原始三维模型导入系统后，自动带有工程设计阶段的相关属性信息，但作为数字化移交来说，这些信息远远不够，还需要增加更多对业主有用的信息，例如采购信息（物资信息）、施工信息、安装调试信息等。在数字化工厂移交系统中，用户可以对每个对象设置并增加资产类型及相应的属性集（设计信息、调试信息、施工信息、运维信息等）。对于大批量资产属性数据，可以通过导出 Excel 表单，在 Excel 中批量输入，然后以导入的方式来提高数据输入的效率。对于后期临时补充或更新属性的情况，可通过平台模型手动录入。首先选择对象，指定资产类型例如普通阀门，自动将阀门对象属性集与所选对象关联起来。

7.3.4 工程对象与文档图纸数据关联

系统能创建工程对象到文档图纸之间的关联，从三维模型导航到相应的图纸、资料或数据。

7.3.5 智能 P&ID 与三维模型之间的二维、三维数据关联

能够实现智能 P&ID 与三维模型之间的二维、三维互动浏览。通过在智能 P&ID 图中选择一个对象，能够快速定位到三维模型中。

7.3.6 检索查询功能

可以对设备、文档及测点进行精确的检索查询操作。

7.3.7 PBS 管理

可根据项目需求自行定义模型层次结构，用于重构模型。可自行创建一个 PBS 节点。可对已经创建的 PBS 节点进行编辑操作。可对已经创建的 PBS 节点进行删除操作。可对已经创建的 PBS 节点进行检索操作。

7.3.8 文件管理

文件管理需有如下功能：单个文件上传、文件预览、文件维护、文件删除、批量上传文件、文件升版、文件历史版本、文件检索、文件回收。

7.3.9 数据管理

可以对模型中的对象的详情进行查看，可查看焊缝检测报告，可编辑模型对象，可删除模型对象，可对模型对象进行简单检索或者高级检索。对模型对象数据进行关联操作，关联操作方式提供多样化，支持自动批量关联或者手动批量进行关联等。

7.3.10 类库管理

可以定义当前工厂相关的类，并指定其父类及相关属性，子类可以自动继承父类的属性。

7.4 三维看板系统

三维看板系统是由物联网传感器、三维可视化平台、PIM/BIM 3D 模型、大屏可视化构件组成的用于 PIM/BIM 运维的数据可视化平台，其数据采集能力、数据处理能力、图形展示能力、3D 模型处理能力都必须强悍。三维看板系统能够为企业及时高效地解决各类安全及能耗相关问题，通过数据采集、热区分布、报警定位、系统结构展示等方式提供全面精细的 PIM/BIM 运维管理，实时监控环境品质，有效提高能源的利用效率节约成本。PIM/BIM 目前在中国可以说是蓬勃发展的阶段，PIM/BIM 技术目前在投融资、设计及施工阶段有了大量应用，EPC 招投标效果、4D、5D 到 ND 应用层出不穷。但用于业主的使用运维阶段则相对薄弱。主要痛点在于庞大数据的可视化，人员成本的限制，安全和能耗问题的预警与控制。三维看板系统能针对这些问题提出有效的解决方案。

7.4.1 场景展示

（1）三维看板系统需将 PIM/BIM 运维中需要重点关注的数据以仪表盘等方式动态展示，实时观察设备运行参数、水流量、水压力、环境温度、湿度等上千种参数的数值变化。

（2）三维看板系统能选取 PIM/BIM 模型中的任意空间单独查看其详细的结构情况，具体到每个空间的每个元素基本信息和实时状态都以"标识牌"形式简单直观地呈现出来，使用户随时感受"上帝视角"的全面与清晰。

（3）三维看板系统需提供了如下图所示的系统结构单独展示功能，可以直观地查看 PIM/BIM 模型内的任意系统或结构，从而更快速准确地定位问题、解决问题。

7.4.2　虚拟环境巡检

三维看板系统能实现虚拟环境巡检功能，可使用阿凡达模拟巡检人员在 PIM/BIM 模型内模拟真实的路线行走进行巡检。查看安防系统内的任意监控视频，在极其节约人力成本的情况下仍然保证对每个角落都做到及时监控。查看当日的耗电量情况及任意电器设备近期的能耗趋势曲线。查看设备标识牌上的设备工作状态或能耗信息，保证对所有能耗和安全情况及时掌握。查看任意设备基本参数的同时，还可以切换标签查看对应设备的维保历史记录。

7.4.3　多样化能耗报表

相比于传统图表形式的数据展示，三维看板系统能将数据致力于用更生动、友好的形式，即时呈现隐藏在庞杂数据背后的业务洞察的能力。三维看板系统能将用户的能耗情况简单直观地分类展示，不仅可以在单位时间内进行超限报警提示，还需同时提供智能计算同时段环比值，从而拥有提前预告能耗情况，达到降低能耗成本的目的。三维看板系统能展示热区分布效果能够让用户通过不同颜色对应不同数值的直观展示查看全局温度 / 能耗分布情况，实现可以提早控制能耗，减少设备损害，也可以将火灾扼杀在萌芽，极大地减少人身及财产损失。

7.4.4　自动监控报警

三维看板系统需集合智慧物联，熟练应用数据采集技术，实时监控所有分布在模型中的传感器设备，展示动态数据的同时也随时监控报警。三维看板系统能设置任意时间间隔采集任意的传感器数据，并将数据与设定的正常范围对比，呈现数据正常或异常状态。数据发生异常时，三维看板系统能立即在模型中定位到异常的传感器位置，同时提醒危房报警。当任意环境参数超过设定的安全值范围，三维看板系统将立刻语音播报报警提示，同时在模型中定位到报警位置。

7.4.5　二维图纸与三维模型联动

用户的 SVG 等矢量图图纸能通过该模块实现与建筑三维模型中相应机组、设备关联，实现二维、三维联动。

7.4.6　第三方数据对接

三维看板系统能与其他各物管系统、资产管理系统等多系统对接，作为 PIM/BIM 的数据平台完美展示数据和状态。能展示任意的管理信息列表；可通过三维看板系统页面进行管理业务交互操作；通过使用三维看板系统，可以在模型上进行直观的设备信息查看，进行设备报缺、消缺作业，查看设备技术文档，检索资料，记录设备维保物料使用等操作，各类型的管理作业借助三维看板系统都能实现三维可视化的效果开展相关活动。

7.4.7　IOT 模块

IOT 模块需满足包括 opc、modbus、bacnet 等协议的数据采集，充分应用在建筑、工厂、医院、社区、酒店、校园、政府等多领域的智慧管理。

IOT 模块支持如下的数据接入能力，如表 7-2 和表 7-3 所示。

表 7-2　数据格式协议表

协议性质	支持协议		采用链路	备注
	协议大类	协议类型		
监控工业标准	OPC	OPC-DA	TCP/IP 网络	
		OPC-UA	TCP/IP 网络	
	BACNet	BACNet-TCP	TCP/IP 网络	一般为专网，需要工作站双网卡支持
	Modbus	Modbus-TCP	TCP/IP 网络	
		Modbus-RTU	RS485/422/232	
http 信息化系统接口	RESTful		TCP/IP 网络	一般需要编程支持
	WebService		TCP/IP 网络	
	XMPP		TCP/IP 网络	
非 http 型编程接口	MQTT		TCP/IP 网络、NB-IOT 等	
数据库接口	ODBC		TCP/IP 网络	一般需要编程支持
视频流接口	RTMP		TCP/IP 网络	视频监控专用，带宽消耗值得警惕

表 7-3　支持的物理链路表

大类	名称	介质	备注
串口类	RS485	双绞线	有线
	RS422	双绞线	有线
	RS232	串口线	有线
TCP/IP 网络	有线局域网	5 类、超 5 类网线、6 类网线、光纤	有线
	WIFI	无线	无线
	GPRS/3G/4G	移动网络	无线
	宽带	网线、光纤	有线
专用接口类	NB-IOT	移动物联网	无线
	LORA	无线数传	无线
	蓝牙 Mash	2.4G 蓝牙无线	无线
	ZigBee	2.4G 无线	无线

产品通过采集控制可将空间及采集设备信息关联，能同时管理采集进程与采集点等信息及状态，还能实现对相关业务中所关注的各类数据的实时监控，对安全及能耗管理能起到及时、高效的监控作用。除提供基于 PIM/BIM 模型的三维监控报警能力之外，三维看板系统还需支持将数据通过二维的传统方式进行监控展示。

7.5　生产运维系统

生产运维系统需能够显著提高企业的资产管理水平，改善企业资产运维运营效率，提高企业的市场竞争能力，并且能够有效降低企业的研发成本和运维成本，提高企业的资产价值。生产运维系统能够紧紧结合当前互联网发展的趋势，构建基于云平台的全方位资产管理服务体系，包括灵活多样的报事报修管理，完备的空间资产、设备资产基本信息管理、计划工单、临时工单、品质核查、巡检维保、应急预案、能耗管理、报表报告、组织结构管理功能模块；能够实现对企业资产的多维度、全方位的资产价值和成本跟踪；通过强大的数据分析能力，提升企业的资产价值，为企业的资产管理提供准确的决策依据；能实现资产自规划到建筑施工直至持续运营、大修大建、退役等阶段的资产全生命周期的管理，也可实现设备自采购到运行直至报废的全生命周期的管理。

7.5.1 主要功能模块

主要功能模块见表 7-4。

表 7-4　主要功能模块

功能名称	功能说明
台账管理	可以新增、编辑和删除设备信息，也可以查看设备的预警列表，并可通过与数字化移交系统接口获取设备档案信息
报事报修	员工可以通过 APP 端和管理平台进行报事报修的处理
工单管理	提供计划工单和临时工单的管理，提供工单抢派、调度、执行和回访及统计功能。通过移动工单的形式，由员工 APP 进行工单的流转和执行，大幅提升管理效率和精准度，降低作业人员工作总量
设备设施维保	针对设备设施的定期日常维保提供管理，制订维保计划、派发维保工单并记录执行结果
巡检管理	通过设备台账维护建立的设备设施信息建立巡检计划，并可根据系统中的巡检计划生成巡检任务，当巡检任务完成时会反馈巡检结果给后台，生成巡检记录
动态驾驶舱	实时收集动态数据，根据用户关注点呈现感兴趣的信息
知识库管理	管理例行作业标准、历次故障的现象、分析出来的原因以及所做的处理办法
绩效管理	对员工的工作效率、休假、签到进行管理
报表报告	提供多种维度的明细表、统计分析报表

高效的管理逻辑，配套移动互联网、物联网，有机地将人、设备、空间的管理信息高效连接，提高了资产运维管理效能，带来可观的收益（图 7-26）。

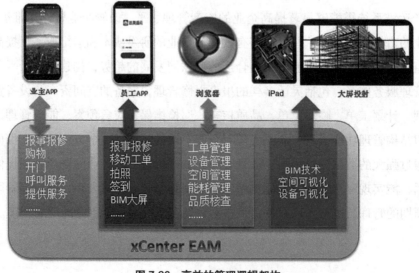

图 7-26　高效的管理逻辑架构

7.5.2　结合 PIM 及物联网技术的应用要求

1. 与 PIM 技术结合

通过轻量化引擎技术，实现从设计、施工到运维全过程的数据移交，完成设施、资产及空间的可视化三维立体展现，从而使得资产管理解决方案更加完善、更加直观。

生产运维系统平台需具备与当前流行的设计软件（包括 SP3D、Autodesk Revit、Bentley 等）进行数据集成的功能，实现设计图纸、PIM 模型与信息数据实时双向同步更新，并在系统中展现二维、三维信息及属性数据信息。

在生产运维系统中引入 PIM（工厂信息模型）应用，系统可以管理设计阶段创建的 PIM 三维工程模型。同时，可以将 PIM 信息模型与管理系统信息数据进行关联操作，包括三维的监控大屏、三维方式的空间、设备检索、查看设备动态数据（传感器、PLC 等），查看运维工单情况。

2. 与物联网结合

生产运维系统能通过物联网二次开发集成建筑监控系统（BA 系统），实时采集建筑物设施设备动态运行数据，可实现对各类设施设备运行监控的精确管理、关联性故障的精确排查、设施设备维修维护的提醒管理以及设施设备的模拟操作培训等应用（图 7-27）。

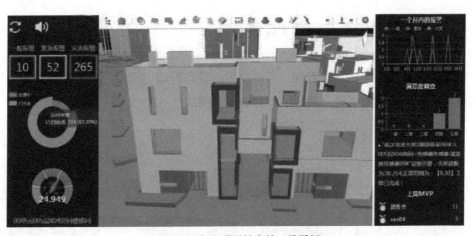

图 7-27　与物联网结合的三维看板

生产运维系统能通过采集 BA 系统（IBMS 系统、自控系统）设备运行或传感器数据信息，通过对收集的数据进行报警判读，并在管理系统中通过将设备信息以三维视图投射到大屏中的方式高亮显示当前设备运行状态，对于运行异常的设备，或者运行参数超过阈值的设备，进行报警提醒；通过可视化查看设备运行状态，能够为设施设备维修维护和故障排查提供支持依据（图 7-28）。

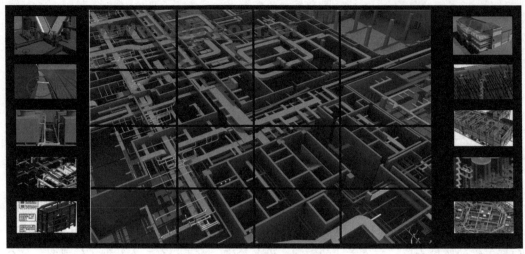

图 7-28　三维看板展示效果

7.5.3　移动端 APP

能提供让员工在安装 APP 的移动端中，轻松实现工单在移动端的流转、日常报事报修处理，可以在巡检、巡更过程中及时拍照取证、通过扫描设备码读取设备信息，还可以实现核查任务的管理、休假申请和审批、业务报表统计、个人中心信息设置等功能。

7.5.4　生产运维系统资产管理 PC 端

生产运维系统需包括系统管理、基础设置、设备管理、报事管理、工单管理、应急预案等功能模块，覆盖了资产管理的大部分业务需求。

1. 设备管理（图 7-29）

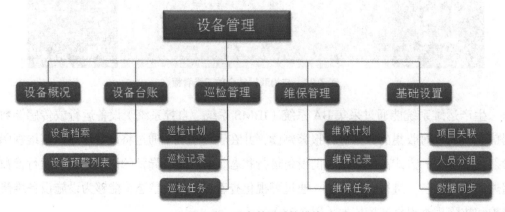

图 7-29　设备管理功能模块

设备概况：以图表、柱状图的方式，实时地显示设备的情况。

设备台账：可以新增、编辑和删除设备信息，也可以查看设备的预警列表，并可以通过与 FM 接口获取设备档案信息。

巡检管理：对根据 FM 接口传递或者通过设备台账维护建立的设备设施信息建立巡检计划，并可根据系统中的巡检计划生成巡检任务，当巡检任务完成时会反馈巡检结果给后台，生成巡检记录。

维保管理：对设备设施信息建立维保计划，根据系统中的维保计划生成维保任务，当维保任务完成时会反馈维保结果给后台，生成维保记录。

基础设置：关联人员和项目信息，对人员进行分组，并同步最新的数据。

2. 报事管理

生产运维系统能够提供报事报修功能，在基础设置子模块中完成报事分类和项目定义的管理，在报事操作子模块中记录着待办任务、全部任务、处理中任务、已完成任务，报事统计子模块的功能用以统计报事及时率信息并形成报表。

3. 工单管理

生产运维系统能够提供计划工单和临时工单管理，可以进行工单的调度、执行，通过移动工单的形式，由员工在 APP 端对工单进行流转，能够大幅提升企业的管理效率和精准度，减低了作业人员工作总量，提高了对工单响应效率，是运维管理的一大飞跃。记录所有待办任务、全部任务、待接单、维修中和已完成的工单信息，可以对维修种类进行管理，对片区及人员进行定义和关联，提供对片区维修种类、维修单量工时、绩效考核和工单明细等统计信息，并形成报表。

4. 休假管理

生产运维系统能够存储并管理 APP 端提交到后台的休假备案信息和签到信息，主要的业务规则如下：

（1）查询：对休假信息进行查询，内容包括区域、项目、人员、状态。

（2）确认：对休假备案信息进行确认操作，确认后的信息状态改为"已确认"。

（3）拒绝：对休假备案信息进行拒绝操作，确认后的信息状态改为"已拒绝"。

（4）批量确认：对休假备案信息进行批量确认操作，确认后的信息状态改为"已确认"。

（5）批量拒绝：对休假备案信息进行批量拒绝操作，确认后的信息状态改为"已拒绝"。

（6）当超过休假期限 24 小时后还未进行审核则状态改为"已撤销"。

7.6 完整性管理系统

7.6.1 数据管理系统功能

数据管理功能，要能够完成管道设计、施工、运行管理数据的管理，所有数据储存在同一数据结构的数据库中，实现数据共享。数据系统应包括但不仅限于以下功能模块：

（1）本地管理系统：数据输入、地图维护、数据维护、统计分析、图形与参数对照图、GPS 车辆管理系统、模糊查询、安全评价、风险评估、完整性管理、应急指挥、输出模块、系统管理、用户管理等。

（2）数据 WEB 系统：信息发布（包括报表）、查询、数据收集等。

7.6.2 数据系统接口

数据系统接口是完整性管理信息平台的可扩展性内容之一，在完整性管理平台建设过程中要考虑与各地区公司在建管道的接口预留，能与地区公司、地区公司各管道现有的监控与数据采集系统（SCADA）、生产运维管理系统（EAM）以及其他系统进行接口。具体实现如下：

（1）与监控与数据采集系统（SCADA）的接口要求：在保证 SCADA 系统绝对安全的前提下，完整性数据管理系统应能从 SCADA 提供的接口（ODBC 和 API）中直接把数据写入完整性数据管理系统数据库，能从 SCADA 的历史数据库（Sybase）中读取完整性数据管理系统所需的数据到完整性数据管理系统数据库。

（2）与生产运维管理系统（EAM）的接口要求：在保证 EAM 系统绝对安全的前提下，能从 EAM 系统提供的接口中直接读取完整性数据管理系统所需数据（主要是设备数据和位置数据）到完整性数据管理系统数据库中。

（3）与其他系统的接口要求：本完整性数据管理系统应提供符合国际、国家、行业及企业标准的对外接口，如标准的数据库接口、API 接口等。

（4）系统的升级及二次开发：系统应具有良好的开发性，方便升级和做进一步开发。

（5）系统应有三维图形显示功能，能把管线、有关专业（如设备、电气通信等）的设备、沿线建筑物、水工、周边环境、管线设备的横截面及其他需要三维显示的事物能用三维图像显示出来；图形的显示应具有鹰眼功能；图形的显示、放大、缩小和平移等有关操作。

7.6.3 管道数据分析功能

管道的地理信息数据、管道的基础数据、管道的完整性评价数据，这三类数据构成了完整性管理信息平台系统数据库的基本要素，这三类数据最终要将管道的地理信息数据、管道的基础数据分类整合为管道完整性评价所需数据，按照完整性评价的需求，将前两类数据自动分类和补充。

数据的分析功能是完整性管理系统的重要内容之一，要实现以下功能：①缺陷评价和寿命评估分析；②管道安全评价分析；③定量、定性风险分析；④内腐蚀（ICDA）评估；⑤外腐蚀（ECDA）评估；⑥其他评价。

7.6.4 管道安全运行管理

完整性管理信息平台保证管道安全运行管理，保证正常运行管理无障碍沟通，保证完整性管理的顺利实施。

7.7 虚拟仿真培训系统

虚拟仿真培训系统需包含如下内容：三维建模、学员端三维场景软件、现操培训管理工作站软件（含系统管理模块）3个部分。

三维建模主要工作为搭建4个场景，此场景是培训的三维虚拟环境。学员端三维场景软件采用VR眼镜进行展示和操控，同时具备2个学员协同操作和培训的能力，学员通过外设设备可在三维场景中进行现操操作。主要功能包括设备查询、场景漫游、设备操作、双人互动、培训考核等。

现操培训管理工作站软件（含系统管理模块）可以同步学员端三维场景，可跟随学员查看三维场景，并可对三维场景施加故障，对学员下达操作指令。系统主要管理功能有人员管理、设备管理、动作管理、日志管理、操作记录管理等。

7.7.1 虚拟操作培训系统（VRTS）

安全是保障人类生存和生活质量的重要方面。人们不可能在真实的危险环境中进行训练或验证，因而需要一个能够模拟真实环境的系统来辅助人员感受这种环境。正在发展的虚拟现实技术（Virtual Reality，VR）为从事安全工作研究的人员提供了一个很好的虚拟现实技术。

虚拟现实技术是20世纪末发展起来的一项利用人工智能、计算机图形学、人机接口、多媒体、计算机网络及电子、机械、视听等高新技术，生成一种模拟环境（如核电厂、矿井），通过多种传感设备使用户沉浸到该环境中，模拟人在特定环境中的视、听、动等行为的高级人机交互技术。虚拟现实也称人工环境（artificial environment）、人工合成环境（synthetic environment）、虚拟环境（virtual environment）或幻境、灵境等。虚拟现实技术的基本特征主要有以下几个方面：

（1）多感知性（multi-Sensory）。多感知性是指除了一般计算机所具有的视觉感知外，还有听觉感知、力觉感知、触觉感知、运动感知，甚至包括味觉感知、嗅觉感知等。理想的虚拟现实就是应该具有人所具有的感知功能。

（2）存在感（presence）。又称临场感，它是指用户感到作为主角存在于模拟环境中的真实程度。理想的模拟环境应该达到使用户难以分辨真假的程度。

（3）交互性（interaction）。交互性是指用户对模拟环境内物体的可操作程度和从环境得到反馈的自然程度（包括实时性）。例如，用户可以用手去直接抓取环境中的物体，这时手有握着东西的感觉，并可以感觉物体的重量，视场中的物体也随着手的移动而移动。

（4）自主性（autonomy）。自主性是指虚拟环境中物体依据物理定律动作的程度。例如，当受到力的推动时，物体会向力的方向移动或翻倒，或从桌面落到地面等。

虚拟现实技术一般可分为以下3类。

（1）桌面虚拟现实系统（desktop VR）。这类系统采用了标准的 CRT 显示器和主体显示技术，应用较广泛。

（2）临境虚拟现实系统（immersive VR）。它是利用头盔显示器将用户的一切感知功能进行封闭，产生一种身在虚拟环境中的错觉效应。

（3）分布式虚拟现实系统（distributed VR）。这是一种更高级别的虚拟现实系统，它提供一个虚拟空间给分布在不同地点的用户，这类用户共享这个虚拟空间，并且通过它进行连接，达到一种更高的虚拟境界。

7.7.2　开发要求

在可视化云协同系统的轻量化可视化引擎的基础上，完成支持现有主流的图形 API，需包括：DirectX 11、OpenGLES 3.0、WebGL 等。运行方式需包括：Windows 平台上的桌面应用程序、ActiveX 及 NPAPI 插件、无插件 Web 端、IOS APP 和 Android APP 等。

核心功能需包括模型展现、基本操作、VR 模式、多人协同、骨骼动画、粒子系统、模型轻量化以及安全性等几个方面。虚拟仿真培训系统还需解决如下问题：

（1）解除模型对设计工具的依赖。目前，在建筑和工厂设计领域，三维设计工具很多。一方面，三维设计工具是为了提高设计效率而进行开发的，操作非常复杂，这就需要专业的设计工程师才可以使用这些工具来查看模型。为了让非专业用户方便容易地查看这些三维模型，需要一个更加简单的可视化查看平台。另一方面，同一个项目中也可能使用来自不同软件厂商不同的设计工具进行设计，往往这些设计工具出于商业保护的原因，在模型的兼容性方面或多或少存在障碍，这也就需要使用第三方的软件平台同时解析这些模型格式，发布成统一的模型格式来进行模型的整合。

（2）高效的多人协同通信。多人协同以三维显示为基础，基于改良的 UDP 协议进行通信，实现多人在三维场景的协同操作，文字、语音交流等功能。多人协同基于统一的三维场景，实时批注共享，交流更加高效；同时突破局域网限制，在任何时间任何地点可与任何人进行协同，随需进行，操作简单。

（3）支持 3D 眼镜和 VR 模式。在 VR 日益兴盛的今天，为了进一步增强用户体验，支持 3D 眼镜和 VR 模式。

（4）支持骨骼动画。在定义好骨骼拓扑结构的基础上，实现通过手套或手柄来实时控制虚拟人物。我们采用反向动力学（IK）算法来计算相关骨骼的位置和姿态。相比预先定义好的动画更加逼真、准确。

（5）轻量化原始模型。原始三维模型中保留了大量的复杂几何模型、设计参数以及属性数据等，因此会导致模型文件非常大。为了便于从低端的移动设备到高性能图形工作站上查看和传递三维模型，需要将这些原始模型进行轻量化操作，去除原始模型中为了进行参数化设计而保存的大量冗余数据。轻量化从理论上来说，包括两大类：第一类是绝对轻量化，即从文件尺寸上完全进行减小，这种轻量化在模型发布时已经完成。例如：精细表达一个圆柱体需要 24 边形，轻量化处理以后，会减少到 12 边形、8 边形、甚至 3 边形；第二类是相对轻量化。通常情况下，三维模型都是以文件方式存储和加载的，即同一个文件中的模型在传递时要一起传递，加载时要一起加载到内存中，而相对轻量化的目的就在于按需传递和加载。例如：用户想要查看核岛内某个房间中的设备和管线模型，按照传统的方式，会将核岛内的模型全部加载到内存再定位该房间，相对轻量化则采用调度算法，仅加载该房间内的内容，精度可以到设备级。使用绝对轻量化，根据原始模型的来源不同，压缩比在 1∶10~1∶50；使用相对轻量化，理论上可以加载无限大的模型。

（6）适用于不同的客户终端。在智能移动设备快速发展的今天，任何企业都不会忽视移动设备在企业信息化应用中的重要作用。除了常规的数据业务外，三维可视化也势必成为移动端上非常重要的应用。为此，除了 PC 端外，还需适用于 iOS 和 Android 等移动操作系统的版本，满足移动业务的需要。

（7）拓宽三维模型的应用领域。由于将模型与原始设计工具进行分离，形成了新的模型格式，这就让三维模型应用于施工建设和生产运维中新的场景成为可能。例如：将各种业务数据与三维模型相结合，通过提供三维显示和数据服务，方便其他系统快速、高效地获取并展示各种数据，进行决策支持和方案制定等；将三维模型应用于虚拟现实，进行设计校核、施工模拟、员工培训和逃生演练等。

本系统采用虚拟仿真技术，以可视化云协同系统的轻量化、可视化引擎为基础严格按照国家核电安全生产方针和法律法规，以《油气田操作员岗前安全培训教材》为基础，利用国际领先的虚拟现实和三维仿真技术开发而成。虚拟操作培训系统紧紧围绕着油气田安全培训，搭建了完整的、系统的、可视化的应用平台，提供基于虚拟现实的人机交互演练，大幅度提升学员的实际操作能力和安全防范意识。

7.7.3　系统结构

系统需采用 CS 模式架设，由现场操作培训管理工作站、学员端三维场景软件、数据服务器、应用服务器、模拟机、外设设备等组成，结构如图 7-30 所示。

图 7-30　虚拟仿真培训系统结构图

（1）数据服务器：用于存储系统中的相关信息，如人员、成绩、用于操作的日志等信息。

（2）应用服务器：是学员端、现操培训管理工作站、模拟机之间的通信服务器，主要完成相关信息的转发。

（3）现操培训管理工作站：同步显示学员端的三维场景，并向其发送指令；具有系统管理的功能。

（4）学员端三维场景显示终端：与数据手套或 VR 设备相连，显示学员端的三维场景。

（5）VR 设备：本项目中采用 HTCVIVE，用来控制培训人员在三维场景中的动作，与学员端三维场景显示终端相连。

（6）数据手套：用来控制培训人员在三维场景中的动作，与学员端三维场景显示终端相连。

7.7.4 系统特点要求

基于 VR 的虚拟仿真培训系统需有如下特点：

1. 贴近培训需求
深入分析各领域培训演练的主要特点，综合培训演练应用的共性需求，可定制用于各类场景使用，从总体定位、功能结构、组织使用等方面都能够很好地满足各领域的业务需求。具有培训环境搭建时间短、培训质量高等优点。

2. 人机交互便捷
在界面组织上，该系统采用了导航栏模式，能够很好地引导用户对系统进行操作使用；在系统操作上，采用了地图操作和向导操作相结合的方式，大大提升了人机交互操作的便捷性。

3. 设备配置简便
采用通用成熟的设备接口管理模式，为用户提供易于安装、学习使用帮助功能强大的终端设备。

4. 场景可定制
采用基于插件的模型编辑和动态生成技术，实现了场景库和事件的定义，并支持多种类型三维模型的导入。

5. 可并行仿真

平台采用了线程并行计算技术，有效利用了现有的硬件资源，最大限度提高系统运行效率。

6. 高效通信

平台利用改良的 UDP 协议进行 P2P 通信，一方面提高可通信效率，保证了通信的稳定性，同时突破了局域网的限制，为学员之间以及学员与监控台之间的同步提供基础支撑。

7.7.5 虚拟视景要求

1. 设备属性展现

教控台和学员三维场景端均能查询设备的属性信息、介绍信息。设备的属性信息能通过三维标牌的形式在三维场景中进行展示。对于信息内容过多的情况，用户可以通过手柄进行滚动翻页（图 7-31）。

图 7-31　属性展示

2. 三维模型查看

支持用户通过手柄操作模型的选中查看，支持选中模型的透明、剖切、显隐等操作控制，支持在 VR 环境下针对选中模型的拆解动画演示。这些操作都可以通过手柄的菜单选择实现。

HTCVive 手柄主要按钮功能采用如图 7-32 所示的方式。

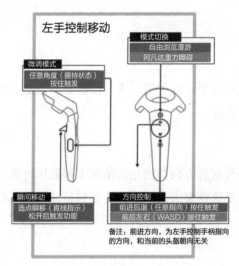
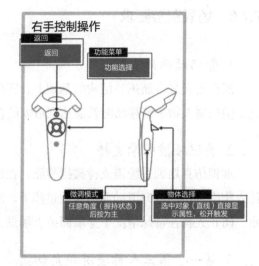

图 7-32　手柄功能

功能面板需同步显示在 VR 镜头视角下方。

面板功能要求如下：

（1）菜单键下列出可以对所选对象开门的按钮。

（2）在 VR 场景内，可以添加包括椭圆、直线、画笔等批注。

（3）测量面板：两点测量、垂直测量。

3. 设备模型属性编辑和提取

对于虚拟视景中的模型设备属性需提供两种录入途径：

对于 3DMax 建模的模型需要后期提供针对模型设备的属性人工录入和导入接口。人工录入属性通过用户在三维场景中选择设备然后系统弹出属性录入窗口，用户在窗口中录入并保存属性信息。对于属性批量导入的方法，则需按照已有设备的命名规则和编码规则，在建模时就给模型设备附加相应的属性。通过 Excel 编辑属性文档并在文档中标明属性对应的设备唯一名称或唯一编码。系统读取 Excel 文件批量将设备属性导入到系统。

对于某些设备已有 catia 或 ProE 模型，系统可以直接从模型中读取属性信息并导入到培训系统。对于管线长度、内外径等数据可以在模型转换和属性导入过程中通过对符合定义的模型进行附加属性的计算并将结果作为属性存入系统。

4. Catia/ProE 模型的简化

Catia/ProE 模型作为机械类和设备类模型转换为面片化表示时会由于过于精细而导致影响整个三维系统的性能和效率的问题。需针对此问题需提出解决方案。

7.7.6　场景漫游要求

1. 骨骼动画的支持

能在定义好骨骼拓扑结构的基础上，实现通过手套或手柄来实时控制虚拟人物。通过手柄控制人物手臂移动时就能达到最大的自然度。

2. 物理碰撞引擎支持

虚拟仿真培训系统需支持碰撞检测，在各种前进方向被挡住的情况下都要尽可能地让人物沿合理的方向滑动而不是被迫停下。满足这些要求的同时还要做到足够精确和稳定，防止人物在特殊情况下穿墙而掉出场景。

3. 第一、第三人称漫游视角切换

需提供第一人称和第三人称视角切换功能，同时以第三人称状态下在三维场景中漫游时，如果相机与人物之间有遮挡发生，系统能自动调整相机以保证阿凡达人物始终可以被看见。

7.7.7　双人互动要求

系统中应用服务器负责人员的登录管理。当终端登录到服务器后，服务器能将所有的登录者列表发送给登录的客户端并且能够向其他已经登录的客户端注册信息及地址。新登录的客户端能够再向其他客户端发起连接请求，进行点对点的信息同步和通信。

为保障信息传递的实时性，学员机之间和教练机之间需采用 P2P 的网络连接方式。建立连接后每一个客户端都能够实时地向其他客户端发送虚拟人物的位置以及姿态信息。每个客户端收到姿态信息后会在自己的三维场景中更新对方虚拟人物的位置和姿态。每个客户端都能够实时看到其他客户端的虚拟人物以及动作和姿态。能够支持多人操作同一设备以及协作。

7.7.8　设备操作要求

虚拟仿真系统能提供阿凡达模式下实现行走、奔跑、蹲行、匍匐、爬直梯等动作。

对设备的操作能够实现如下功能：

（1）对于操作手柄是轮状的阀门操作时将虚拟人物的手绑定到轮状手柄上，转动阀门虚拟人物的手臂随之转动。

（2）对于操作手柄是直柄的阀门操作时将虚拟人物的手绑定到直柄上，直柄绕中心

轴转动，虚拟人物的手臂随之转动。

（3）电动阀和开关则通过将虚拟人物的手指绑定到开关按键上，开关按键的状态改变带动虚拟人物手指的移动和改变。

7.7.9 行为规范要求

行为规范的触发是与特定的模型设备或者空间位置相关的，也就是当虚拟人物到达相应的设备附近或者空间范围时系统会激活相应的行为规范信息来提示用户。在考核过程中用户所做的相应操作会对该行为规范有效。例如通过常闭式防火门时，在门的附近可以激活相应的行为规范。如果这时正在培训阶段，系统会弹出提示信息提示用户需要进行检查防火门是否关闭的操作，如果在考核阶段，该规范会与考评系统关联，只有进行了相应的（例如，回头看、用手推门等动作）检查操作才能触发考评系统进行分数登记。

1. 能够实现行为规范的定义要求

需要定义行为规范绑定的位置或者模型以及范围区间。定义规范的操作脚本，只有用户执行了脚本该行为规范才算完成，这些脚本可以根据实际情况在后期由管理人员添加和编辑，定义规范的提示信息。

2. 培训过程中能够对行为规范进行提示

在培训过程中，当虚拟人物进入行为规范定义的范围，系统弹出信息提示标牌提示用户需要执行什么行为规范和如何执行相应的行为规范。

3. 能够对行为规范进行考核

在考核过程中行为规范不再进行提示，当用户在行为规范定义的范围内执行相应的操作时则代表当前行为规范已经执行。行为规范会与考评系统进行关联，并针对每条行为规范制定相应的分值，当行为规范执行完毕则相应的分值会加入考核系统。

7.7.10 培训考核要求

1. 位置到达

在考核系统中能够选取到达位置并且设定位置范围，同时设置到达规定时间。当管理工作站发出指令后，学员通过操作 VR 手柄设备在三维场景中行走移动。当学员能够在设定的时间内到达设置的位置范围，则代表到达。

2. 设备操作

考核系统能够定义设备操作的步骤以及每个步骤设备节点操作的关联工具。学员从工具箱窗口中选取工具，对设备进行操作。如果步骤错误则无法操作并扣除分数，如果选取工具错误则也无法操作并扣除分数。

7.7.11 现场操作培训管理工作站要求

1. 虚拟视景同步要求

虚拟视景同步包括教员端与学员端三维显示场景的实时同步显示和各学员间三维显示场景的实时同步。教员端和学员端既可以以第一人称跟随学员又可以以第三人称全局视角监控或浏览三维场景，还能够完全跟随某个学员以学员的视角进行三维场景浏览。同步的主要内容需包括：学员信息、学员的位置、学员的视角、学员的行走路径、学员动作、设备和相关仪表的状态或数据。

2. 临时指令插入

为提供培训考核的趣味性，检查培训学员的应变能力和紧急事故处理的能力，增加培训考核的难度，在模拟演练考核过程中，教员端可对演练场景进行动态干预，干预的动作主要包括：设备故障、路径故障、工作单临时变更、紧急撤离等。具体表现形式有插入声音、事故（液体泄漏、火灾、气体泄漏）等（图7-33、图7-34）。

图7-33　着火浓烟

图 7-34 气体泄漏

3. 操作记录保存和复位重演

能够实现操作记录的保存和复位重演。系统能够加载该文件实现培训演练过程的回溯和重演，复位重演过程按照时间的顺序进行播放。

7.7.12 系统管理

系统管理模块需包括人员管理、培训内容管理、成绩管理、日志管理等功能。人员管理是由系统管理员操作的对培训人员信息进行管理的模块；培训内容管理是管理员对培训内容和培训场景进行编辑的模块；成绩管理是管理员和教员对学员信息进行查询、统计、导出、打印的模块；日志管理是由管理员对系统操作的日志进行查询、统计、导出的模块。

7.7.13 内部接口要求

需提供学员端与现场操作培训管理工作站之间的通信接口，进行数据同步和语音通信。

7.7.14 外部接口要求

需提供模拟机与学员端、教员端的通信，传输的内容为工艺参数和仿真工况以及学员的操作信息。